ISW 36

Berichte aus dem Institut für Steuerungstechnik
der Werkzeugmaschinen und Fertigungseinrichtungen
der Universität Stuttgart

Herausgegeben von Prof. Dr.-Ing. G. Stute

U. ACKERMANN

Rechnerunterstützte Auswahl elektrischer Antriebe für spanende Werkzeugmaschinen

Springer-Verlag
Berlin · Heidelberg · New York 1981

D 93

Mit 69 Abbildungen

ISBN-13 : 978-3-540-10684-5   e-ISBN-13 : 978-3-642-81633-8
DOI : 10.1007 / 978-3-642-81633-8

Geleitwort des Herausgebers

Das Institut für Steuerungstechnik der Werkzeugmaschinen und Fertigungseinrichtungen der Universität Stuttgart befaßt sich mit den neuen Entwicklungen der Werkzeugmaschinen und anderen Fertigungseinrichtungen, die insbesondere durch den erhöhten Anteil der Steuerungstechnik an den Gesamtanlagen gekennzeichnet sind. Dabei stehen die numerisch gesteuerten Werkzeugmaschinen in Programmierung, Steuerung, Konstruktion und Arbeitseinsatz sowie die vermehrte Verwendung des Digitalrechners in Konstruktion und Fertigung im Vordergrund des Interesses.

Im Rahmen dieser Buchreihe sollen in zwangloser Folge drei bis fünf Berichte pro Jahr erscheinen, in welchen über einzelne Forschungsarbeiten berichtet wird. Vorzugsweise kommen hierbei Forschungsergebnisse, Dissertationen, Vorlesungsmanuskripte und Seminarausarbeitungen zur Veröffentlichung.

Diese Berichte sollen dem in der Praxis stehenden Ingenieur zur Weiterbildung dienen und helfen, Aufgaben auf diesem Gebiet der Steuerungstechnik zu lösen. Der Studierende kann mit diesen Berichten sein Wissen vertiefen.

Unter dem Gesichtspunkt einer schnellen und kostengünstigen Drucklegung wird auf besondere Ausstattung verzichtet und die Buchreihe im Fotodruck hergestellt.

Der Herausgeber dankt dem Springer-Verlag für Hinweise zur äußeren Gestaltung und Übernahme des Buchvertriebs.

Gottfried Stute

Inhaltsverzeichnis   Seite

<u>Schrifttum</u>

/ 1 / Beitz, W.   Rechnerunterstützte Informations-
       Schnelle, E.   bereitstellung für den Konstruk-
                           teur.
                           Konstruktion 26 (1974) H.2,
                           S. 46...52.

/ 2 / Hubka, V.   Der Konstrukteur als Informati-
                          onsverbraucher.
                          Schweizer Maschinenmarkt 73
                          (1973) H.38, S. 84...91,
                          S. 70...73.

/ 3 / Abeln, O.   Erfahrungen mit EDV-Konstrukti-
                          onsarbeitsplätzen.
                          In: Datenverarbeitung in der Kon-
                          struktion 1976.
                          VDI-Berichte 261.
                          Düsseldorf: VDI-Verlag, 1976.

/ 4 / Mewes, D.   Der Informationsbedarf im kon-
                          struktiven Maschinenbau.
                          Düsseldorf: VDI-Verlag, 1973.

/ 5 / Schiele, O.   Stand und Entwicklungstendenzen
       Bernsteiner, F.   der rechnerunterstützten Kon-
                          struktion.
                          In: Datenverarbeitung in der Kon-
                          struktion 1976.
                          VDI-Berichte 261.
                          Düsseldorf: VDI-Verlag, 1976.

/ 6 /   Stute, G.   Die neuzeitliche Werkzeugmaschine
                                  - Ein Schlüssel für rationelle
                                  Fertigung und steigende Lebens-
                                  qualität.
                                  wt-Z. ind. Fertig. 68 (1978)
                                  Nr. 12, S. 737...741.

/ 7 /   VDI 2211   Datenverarbeitung in der Kon-
                                  struktion - Methoden und Hilfs-
                                  mittel - Aufgabe, Prinzip und
                                  Einsatz von Informationssystemen.
                                  Entwurf März 1973.

/ 8 /   Winkler, H.H.   INFOS - ein Informationszentrum
                                  für Schnittwerte.
                                  REFA-Nachrichten 25 (1972) H.1,
                                  S. 9...17.

/ 9 /   Böttler, E.   Konzept und technologische Grund-
                                  lagen zum Aufbau eines Informati-
                                  onszentrums für die Schleifbear-
                                  beitung.
                                  Aachen: Dr.-Ing.-Diss. 1979.

/10 /   Beitz, W.   Rechnerunterstützte Auswahl von
        Buschhaus, D.   Wellenkupplungen.
                                  Karlsruhe: KFK-CAD 17, 1976.

/ 11 / Praß, P.   Ein Programm zur Auswahl geeig-
                                  neter Wälzlager aus rechnerintern
                                  gespeicherten Katalogen.
                                  Konstruktion 25 (1973) H.7,
                                  S. 259...263.

/ 12 / Beitz, W.
Kochem, W.
Auswahl und Auslegung von Getrie-
ben.
Karlsruhe: KFK-CAD 100, 1979.

/ 13 / Tuffentsammer, K.
Spanende Werkzeugmaschinen Teil 1
Grundlagen-Verfahren-Maschinen.
Vorlesung des Lehrstuhls für
Werkzeugmaschinen der Universität
Stuttgart, 1980.

/ 14 / Spur, G.
Optimierung des Fertigungssystems
Werkzeugmaschine.
München: Carl Hanser Verlag, 1972.

/ 15 / VDI 2222
Konstruktionsmethodik
Konzipieren technischer Produkte.
Blatt 1, Entwurf Okt. 1973.

/ 16 / VDI 2210
Datenverarbeitung in der Konstruk-
tion. Analyse des Konstruktions-
prozesses im Hinblick auf den
EDV-Einsatz.
Entwurf Nov. 1975.

/ 17 / Tuffentsammer, K.
Von der Verfahrenskennlinie zur
Maschinenbaureihe.
werkzeugmaschine international.
(1971) H.2, S. 13...20.

/ 18 / Pahl, G.
Methodisches Konstruieren.
In: Konstruktion als Wissenschaft.
VDI-Berichte 219.
Düsseldorf: VDI-Verlag, 1974.

/ 19 / VDI 2225
Technisch-wirtschaftliches Kon-
struieren.
Blatt 1, Juni 1969.

/ 20 / VDI 2212   Datenverarbeitung in der Kon-
                        struktion.
                        Systematisches Suchen und Opti-
                        mieren konstruktiver Lösungen.
                        Entwurf, Nov. 1975.

/ 21 / Stute, G.   Untersuchung über die Verwendbar-
        Stof, P.   keit von Gleichstrommaschinen als
                        Vorschubantriebe für numerisch
                        gesteuerte Werkzeugmaschinen.
                        VDW-Bericht 1003, 1974.

/ 22 / Stute, G.   Rechnerunterstützte Konstruktion
        Ackermann, U.   geregelter elektrischer Vorschub-
        Böbel, K.H.   antriebe.
                        Karlsruhe: KFK-CAD 21, 1977.

/ 23 / Wolters, P.   Rechnerunterstützte Dimensionie-
                        rung von Vorschubantrieben für
                        numerisch gesteuerte Werkzeugma-
                        schinen.
                        Aachen: Dr.-Ing.-Diss. 1976.

/ 24 / Stute, G.   Die Lageregelung an Werkzeugma-
        u.a.   schinen.
                        Stuttgart: ISW-Selbstverlag, 1975.

/ 25 / Böbel, K.H.   Rechnerunterstützte Auslegung von
                        Vorschubantrieben.
                        Berlin, Heidelberg, New York:
                        Springer-Verlag 1979.

/ 26 / Ackermann, U.   Rechnerunterstützte Auswahl von
        Böbel, K.H.   elektrischen Vorschubantrieben.
                        wt-Z. ind. Fertig. 66 (1976),
                        S. 129...136.

/ 27 / Buschhaus, D. Rechnerunterstützte Auswahl von
Wellenkupplungen.
Berlin: Dr.-Ing.-Diss. 1976.

/ 28 / Olbertz, H. Das Konstruieren von Baugruppen
mit Hilfe elektronischer Daten-
verarbeitungsanlagen.
Aachen: Dr.-Ing.-Diss. 1969.

/ 29 / Wolf, W. Rechnerunterstützte Auslegung
mehrstufiger Zahnradgetriebe.
Stuttgart: Dr.-Ing.-Diss. 1975.
Berichte des Inst. f. Wzm. der
Univ. Stgt. Band 1, Techn. Verlag
G. Großmann, Stuttg.-Vaihingen.

/ 30 / Stute, G.
Ackermann, U. Auswahl von elektrischen Antriebs-
systemen für NC-Werkzeugmaschinen.
In: Auswahl und Projektierung von
elektrischen und hydraulischen
Systemen.
Karlsruhe: KFK-CAD 59, 1979.

/ 31 / Irtenkauf, J. Elektronik beim Hauptantrieb von
Werkzeugmaschinen.
Werkstattstechnik und Maschinen-
bau 42 (1952) H.10, S.417...423.

/ 32 / VDE 0530 Bestimmungen für elektrische Maschinen.
November 1972.

/ 33 / Buttstädt, K.-H. Optimale Hauptantriebe an spanen-
den Werkzeugmaschinen.
Werkstatt und Betrieb (1976)
H.2, S. 555...558.

/ 34 / Boehringer, A.   Entwicklung eines drehzahlge-
        Stute, G.   steuerten Asynchronmaschinenan-
        u.a.   triebs für Werkzeugmaschinen.
                             wt-Z. ind. Fertig. 69 (1979) Nr.8,
                             S. 463...473.

/ 35 / Kümmel, F.   Elektrische Antriebstechnik.
                             Berlin, Heidelberg, New York:
                             Springer-Verlag, 1965.

/ 36 / Leonhard, W.   Regelung in der elektrischen An-
                             triebstechnik.
                             Stuttgart: Teubner-Verlag, 1974.

/ 37 / Buxbaum, A.   Berechnungen von Regelkreisen der
        Schierau, K.   Antriebstechnik.
                             Berlin: Elitera-Verlag, 1974.

/ 38 / Opitz, H.   Kennwerte und Leistungsbedarf für
        Aschoff, V.   Werkzeugmaschinengetriebe.
        Stute, H.   Forschungsberichte des Wirt-
        Stute, G.   schafts- und Verkehrsministeriums
                             Nordrhein-Westfalen.
                             Nr. 412, 1958.

/ 39 / DIN 40030   Nennspannungen für Gleichstrom-
                             motoren, direkt gespeist über
                             steuerbare Stromrichter aus dem
                             Netz.
                             Juni 1972.

/ 40 / Derksen, J.   Antriebe für Arbeitsspindeln in
                             Werkzeugmaschinen.
                             Siemens-Zeitschrift 49 (1975)
                             H.6, S. 375...380.

/ 41 / Stüben, H. Stromrichter für Antriebe spanen-
der Werkzeugmaschinen.
BBC-Nachrichten 55 (1973) H.5,
S. 99...110.

/ 42 / Tuffentsammer, K. Antriebe für Werkzeugmaschinen.
Vorlesung WZM IV des Lehrstuhls
für Werkzeugmaschinen der T.U.
Stuttgart, 1976.

/ 43 / Tuffentsammer, K. Aufbau eines Informationssystems
Müller, J. "Werkstückfunktion - Fertigungs-
verfahren".
Berlin: Beuth-Vertrieb, 1972.

/ 44 / DIN 40719 Schaltungsunterlagen, Kennzeich-
nung von Betriebsmitteln.
Januar 1974.

/ 45 / VDE 0660 Bestimmungen für Niederspannungs-
schaltgeräte.
August 1969.

/ 46 / DIN 6763 Nummerung, Allgemeine Begriffe.
Juli 1972.

/ 47 / Kunerth, W. EDV-gerechte Verschlüsselung.
Werner, G. Stuttgart: Forkel-Verlag, 1974.

/ 48 / Wedekind, H. Datenbanksysteme I.
Mannheim, Wien, Zürich:
Bibliographisches Institut, 1974.

/ 49 / Hoßfeld, F. Praxis der Realisierung von Informationssystemen.
München, Wien: Hanser-Verlag.
1976.

/ 50 / Lutz, T.   Die Datenbank im Informationssystem.
München, Wien: Oldenburg-Verlag,
1971.

/ 51 / Leinbach, H.J.   Datenbanksystem S 2000.
Rechenzentrum der T.U. Stuttgart,
1978.

Begriffe, Abkürzungen, Formelzeichen, Sprachworte

Begriffe

CAD	Computer Aided Design
DIN	Deutsche Industrie-Norm
EDV	elektronische Datenverarbeitung
EDVA	elektronische Datenverarbeitungsanlage
FORTRAN	Formula Translation (Programmiersprache)
INFOS	Informationszentrum Schnittwerte
NC	Numerical Control(numerische Steuerung)
VDE	Verband Deutscher Elektrotechniker
VDI	Verein Deutscher Ingenieure

Abkürzungen

DASM	Drehstromasynchronmotor
DB	Drehstrombrückenschaltung
DM	Drehstrommittelpunktschaltung
EB	Einphasenbrückenschaltung
EM	Einphasenmittelpunktschaltung
EMK	Elektromotorische Kraft
GNM	Gleichstromnebenschlußmotor
I	Integral
KS	Kreisstrom
LS	Leitungsschutz
NH	Niederspannungs-Hochleistung
P	Proportional
PI	Proportional-Integral

Formelzeichen

Größe	Einheit	Bedeutung
B	-	Drehzahlstellbereich
B_D	-	Durchmesserbereich
B_G	-	Getriebestellbereich
B_M	-	Motorstellbereich
B_S	-	Schwankungsbereich des Trägheits-momentes
B_{SpP}	-	Spindelstellbereich konstanter Leistung
B_v	-	Schnittgeschwindigkeitsbereich
D	mm	Durchmesser
d_{XN}	-	bezogener Kommutierungsspannungs-abfall
e	V	induzierte Motorspannung
e_{max}	V	maximale induzierte Motorspannung
f	s^{-1}	Frequenz
I_A	A	Motorankerstrom
I_{AN}	A	Motorankernennstrom
I_d	A	Ventilstrom des Verstärkers
I_{dl}	A	Verstärkerstrom an der Lückgrenze
I_{dN}	A	Nennausgangsstrom des Verstärkers
I_{dw}	A	Effektivwert des Wechselstroms
I_e	A	Motorerregerstrom
I_{eN}	A	Nennwert des Erregerstroms
J_f	kgm^2	Fremdträgheitsmoment
J_G	kgm^2	Getriebeträgheitsmoment
J_g	kgm^2	Gesamtträgheitsmoment
J_M	kgm^2	Motorträgheitsmoment
k	-	Getriebestufenzahl
K_A	-	Ankerkreisverstärkung
K_K	-	Kommutierungsreaktanzkonstante
K_{KD}	-	Konstante der Kommutierungsdrossel-typenleistung

K_{LK}	-	Konstante der Glättungsinduktivität bei Bemessung auf Lücken
K_{PS}	-	Verstärkung des Stromreglers
K_{Rn}	-	Verstärkung des Drehzahlreglers
K_{Tr}	-	Konstante zur Bemessung der Transformatorleistung
K_V	-	Aussteuerfaktor des Verstärkers
K_W	-	Konstante der Glättungsinduktivität bei Bemessung auf Welligkeit
K_X	-	Konstante zur Ermittlung des bezogenen Kommutierungsspannungsabfalls
L_A	H	Ankerkreisinduktivität
L_{DL}	H	Glättungsinduktivität bemessen auf Lücken
L_{DW}	H	Glättungsinduktivität bemessen auf Welligkeit
L_M	H	Motorinduktivität
M_b	Nm	Beschleunigungsmoment
M_{gr}	Nm	Grenzmoment
M_M	Nm	Motormoment
M_R	Nm	Reibmoment
M_{st}	Nm	Stillstandsmoment
M_w	Nm	Widerstandsmoment
n	min^{-1}	Drehzahl
n_G	min^{-1}	Getriebedrehzahl
n_k	min^{-1}	Kenndrehzahl
n_M	min^{-1}	Motordrehzahl
$n_{MP,max}$	min^{-1}	max. Drehzahl bei konstanter Motorleistung
$n_{MP,min}$	min^{-1}	min. Drehzahl bei konstanter Motorleistung
n_N	min^{-1}	Nenndrehzahl
n_s	min^{-1}	Solldrehzahl
n_{Sp}	min^{-1}	Spindeldrehzahl
n_{Spi}	min^{-1}	Spindelistdrehzahl
n_{Sps}	min^{-1}	Spindelsolldrehzahl

n_o	min^{-1}	Leerlaufdrehzahl
P_D	VA	Typenleistung der Glättungsdrossel
P_G	W	Getriebeleistung
P_{KD}	VA	Typenleistung der Kommutierungsdrossel
P_M	W	Motorleistung
$P_{M,auf}$	W	aufgenommene Motorleistung
P_N	W	Nennleistung
P_S	W	Schnittleistung
P_{Tr}	VA	Transformatorleistung
P_{VL}	W	Verlustleistung bei Last
P_{Vl}	W	Verlustleistung bei Leerlauf
p	-	Polzahl
R_A	Ω	Ankerkreiswiderstand
T_A	s	Antriebszeitkonstante
T_{el}	s	elektrische Zeitkonstante des Motors
T_G	s	Zeitkonstante der Sollwertglättung
T_{GSi}	s	Zeitkonstante des Stromglättungsgliedes
T_{NS}	s	Nachstellzeit des Stromreglers
T_{Rn}	s	Nachstellzeit des Drehzahlreglers
T_S	s	Streckenzeitkonstante
T_t	s	Totzeit
U_A	V	Ankerspannung
U_{AN}	V	Ankernennspannung
U_{Ao}	V	Ankerleerlaufspannung
U_{di}	V	ideelle Verstärkerleerlaufspannung
u_{KT}	-	bezogene Transformator-Kurzschlußspannung
v	m min^{-1}	Schnittgeschwindigkeit
X_G	-	Stufensprungexponent der Spindel für den Getriebestellbereich
X_{MP}	-	Stufensprungexponent des Motors für den Bereich konstanter Leistung
X_K	Ω	Kommutierungsreaktanz

X_{Sp}	-	Spindelstufenexponent
α	-	Motoraussteuerung
η	-	Wirkungsgrad
φ_G	-	Getriebestufensprung
φ_{Sp}	-	Spindelstufensprung
Φ_e	Vs	Erregerfluß
Φ_{eo}	Vs	Erregerfluß, Nennwert
ω	s^{-1}	Winkelgeschwindigkeit

Mehrfach verwendete Indizes

max	maximaler Wert
min	minimaler Wert
o	obere Grenze
opt	optimaler Wert
u	untere Grenze

Sprachworte

AMPLIF	Verstärker
ASM	Asynchronmotoren
BEGIN	Datenbankinteraktion eröffnen
CHANGE	Datensatz ändern
DATA	Kennung für Datenbankzugriff
DELETE	Datensatz löschen
END	Datenbankinteraktion beenden
FIRMA	Bauelementhersteller
GNM	Gleichstrommotoren
INPUT	Datensatz einlesen
MOTOR	Motoren
POWER	Leistung
SEARCH	Datensatz suchen
TRANS	Transistorverstärker
TYP	Typbezeichnung
VOLT	Spannung

1 Einleitung

Betrachtet man den Prozeß des Konstruierens hinsichtlich seiner Tätigkeiten, so kann man feststellen, daß bei ihm vor allem Informationen gewonnen, verarbeitet und ausgegeben werden
müssen; man spricht von einem Informationsumsatz / 1 /.

Ein hoher Zeitanteil wird hierbei für die Informationsbeschaf-
fung benötigt, die je nach Tätigkeitsbereich 15% bis 20% der
gesamten Konstruktionszeit beträgt / 2 /. Demzufolge muß die
Informationsbereitstellung für den Konstrukteur zu den wichtigsten Rationalisierungsschwerpunkten gezählt werden, da der
Informationsmangel bzw. die fehlende Informationsaufbereitung
eines der größten Probleme ist / 3 /.

Verschiedene Untersuchungen haben gezeigt, daß dem Ingenieur
neben seinem Fachwissen zahlreiche Informationsquellen zur Verfügung stehen / 2,4 /. Der häufig hohe Bereitstellungs- und
Zugriffsaufwand herkömmlicher Informationsmöglichkeiten engt
aber das Informationsvolumen auf das Nötigste ein / 5 /. Daneben ist es schwierig, die durch Begriffe wie Richtigkeit,
Vollständigkeit, Alter oder Verfügbarkeit zu charakterisie-
rende Qualität der Information im Bedarfsfall zu prüfen.

1.1 Problemstellung

Ein besonderes Problem stellt die Informationsgewinnung bei
der Auswahl von Zukaufteilen dar, die in ein Produkt integriert werden sollen. Da es für die meisten Elemente, die man
verwenden möchte, Alternativen gibt, sowohl das Leistungsvermögen, den Hersteller als auch den Preis betreffend, sollte
man die charakteristischen Daten von Bauteilen verschiedener
Anbieter miteinander vergleichen können. Dies wird durch folgende Tatsachen erschwert:

  - Nicht alle Firmenschriften sind eindeutig. Sie erfordern
    Rücksprachen mit den Herstellern. Das verzögert den Kon-
    struktionsprozeß.

- Die Kataloge der verschiedenen Anbieter sind unterschied-
  lich im Aufbau und in der Vollständigkeit. Deshalb ist
  der unmittelbare Vergleich der Bauelemente selten möglich.

- Die Informationsinhalte ändern sich schnell. Das zwingt
  den Konstrukteur, sich in immer kürzeren Zeitabständen
  mit den neuesten Unterlagen zu versorgen.

- Das Zusammenwirken verschiedener Zukaufteile innerhalb
  eines Funktionskomplexes ist schwer zu übersehen, so daß
  eine Nachrechnung oder Simulation des Betriebsverhaltens
  notwendig ist.

Diese Schwierigkeiten treten besonders deutlich bei der Festlegung der Antriebselemente einer Werkzeugmaschine zutage, die
größtenteils als Zukaufteile erworben werden.

Hinzu kommt, daß die Entwicklung von Werkzeugmaschinen durch
einige charakteristische Merkmale gekennzeichnet ist, die den
Konstruktionsprozeß und somit auch die Auslegung der Antriebselemente beeinflussen. Nach / 6 / ist hier zu nennen:

- Die Standardmaschine, die gleichbleibend in Serie gefertigt werden kann, ist in den vergangenen Jahren in den
  Hintergrund getreten. Die an die Bearbeitungsaufgabe an-
  gepaßte Einzelmaschine gewinnt immer mehr an Bedeutung.
  Damit steht die individuelle Auslegung der Antriebe immer
  öfter als Konstruktionsaufgabe an.

- Die Weiterentwicklung der Schneidstoffe im Hinblick auf
  höhere Schnittgeschwindigkeiten und größere Zähigkeit ermöglichen die Nutzung höherer Antriebsleistung und grö-
  ßerer Arbeitsdrehzahlen.

- Die ständig abnehmende Seriengröße in der industriellen
  Produktion erfordert flexible Maschinen, die schnell auf
  andere Werkstücke innerhalb eines gegebenen Bereiches um-

gestellt werden können. Dies führt zu einer Automatisierung der Anlagen und dem zunehmenden Einsatz numerisch ge-
steuerter Maschinen, deren Schlitten lagegesteuert sind.

- Dabei wächst auch die Anzahl der Antriebe mit kompli-
  zierter Struktur und einem hohen Anteil von Bauelementen
  der Regelungstechnik. Hinzu kommen Forderungen nach einem
  hohen Drehzahl- und Drehmomentenbereich für die Antriebe
  solcher Maschinen (Bild 1.1).

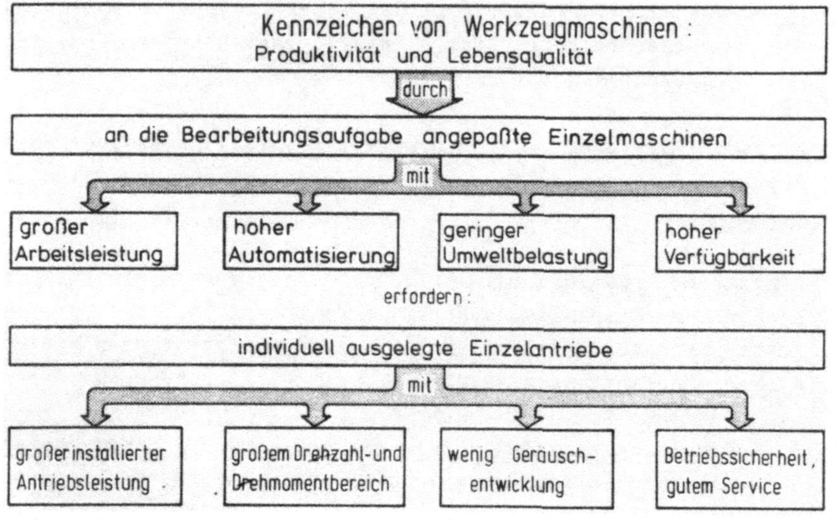

Bild 1.1: Charakteristische Kennzeichen von Werkzeugmaschinen

Die Entwicklung der Werkzeugmaschinen ist also eng gekoppelt
mit der Leistungsfähigkeit der zugehörigen Antriebe, Steuerungen und Regelungen, da an diese Ausrüstungsteile hohe Anforderungen gestellt werden.

Bei der Gestaltung einer Maschine ist demzufolge der Antriebs-
projektierung besondere Aufmerksamkeit zu schenken. Für den
Konstrukteur ist es dabei von größter Wichtigkeit, hinreichend
informiert zu sein, damit er aus der Fülle der vorhandenen

elektrischen und mechanischen Bauelemente oder deren Kombination die zweckentsprechendste auswählen kann.

1.2 Aufgabenstellung

Aus der Informationsbereitstellung für den Konstrukteur bei der
Auswahl von Antriebssystemen für spanende Werkzeugmaschinen ergibt sich somit das Thema dieser Arbeit. Da bei der Mehrzahl
der Maschinen elektrische Antriebe Verwendung finden, sollen
hier nur diese Systeme behandelt werden. Auf der Grundlage der
bisherigen Auslegungsrechnung ist ein Informationssystem zu
entwickeln, das nicht nur den gezielten Zugriff auf Bauelemente
der elektrischen Antriebstechnik gestattet, sondern auch Modelle enthält, die eine Beurteilung des Betriebsverhaltens des
gesamten Antriebes bei verschiedenen Belastungsvorgaben ermöglicht.

Hierzu sind zunächst die Anforderungen an ein solches Informationssystem allgemein zu definieren und anschließend auf den
speziellen Fall der Auswahl von Zukaufteilen der Antriebstechnik zu übertragen. Ferner ist es erforderlich, die Struktur
der üblich eingesetzten Antriebe zu analysieren und die ver-
wendeten Antriebselemente zu klassifizieren, um ein geeignetes
Ordnungsschema für eine Datenverwaltung ableiten zu können.
Weiterhin müssen rechnergerechte Modelle der Bauelemente abgeleitet werden, damit man die Eignung des gesamten Antriebs
nachprüfen kann. Anhand eines praktischen Beispiels ist anschließend die Leistungsfähigkeit des realisierten Informationssystems zu zeigen.

2 Informationssysteme als Hilfsmittel der Konstruktion

2.1 Stand der Technik

In / 7 / wird zur Deckung des Informationsbedarfs im Konstruk-
tionsbereich der Einsatz von Informationssystemen vorgeschla-
gen. Diese sollen die Informationsanforderungen, die der
Nutzer in allen Phasen seines Arbeitsprozesses stellt, hinreichend befriedigen. Elemente eines solchen Systems sind Men-
schen und Hilfsmittel, wobei sich für letztere die EDVA durch
ihre Fähigkeit zur Speicherung, schnellen Verarbeitung und
Wiedergewinnung großer Datenmengen besonders eignet.

Anzustreben sind Informationssysteme, die aus Datenbanken und
Zugriffsprogrammen bestehen, um dem Konstrukteur oder dem Ver-
arbeitungsprogramm die benötigten Informationen und Daten zur
Verfügung zu stellen / 1 /. Aufgrund des großen Entwicklungs-
aufwandes für die Software wird es aber kein Universalsystem
geben, sondern nur Einzelprogramme für bestimmte Problemkreise.
Diese können und sollten ähnlich organisiert sein. Ansätze
hierzu sind durch Systeme zur Schnittwertermittlung / 8,9 /
und zur Auswahl einzelner Bauelemente gemacht / 10,11,12 /.

Auch die Datenbanken werden nicht gleich aufgebaut sein. Viel-
mehr sind für die vielschichtigen und unterschiedlichen In-
formations- und Verarbeitungsbedürfnisse eigene, optimale Be-
reitstellungsmethoden zu entwickeln / 1 /. Dabei sollte aber
unbedingt darauf geachtet werden, diese Teilsysteme so aufzubauen, daß sie in ein späteres Gesamtsystem integrierbar sind
/ 7 /. Um dies für das geplante System zu gewährleisten, müssen
zunächst die Aufgaben eines Informationssystems und die Anforderungen, die es zu erfüllen hat, präzisiert und anschließend die Vorgehensweise bei der Realisierung diskutiert werden.

2.2 Aufgaben eines Informationssystems

Als Aufgaben eines Informationssystems werden in / 7 / die
Informationserfassung, die Informationsaufbereitung und die
Informationsrückgewinnung genannt.

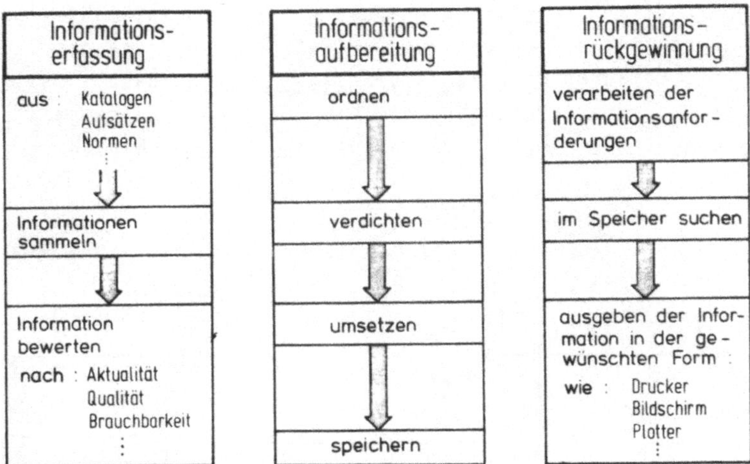

Bild 2.1: Aufgaben eines Informationssystems

Die für den Betrieb des Systems notwendigen Teilaufgaben sind
in Bild 2.1 dargestellt.

2.3 Anforderungen an ein Informationssystem

Damit ein Informationssystem auch Eingang in die Konstruktions-
praxis findet, müssen noch einige sehr wesentliche Randbedingungen erfüllt werden. Dazu gehört, daß der Bedarfs- und
Bereitstellungszeitpunkt der Informationen beieinanderliegen,
also kurze Zugriffszeiten erzielbar sind. Das bedeutet auch,
daß der Anwender an oder in der Nähe seines Arbeitsplatzes Zugang zu dem System hat. Weiterhin muß die Anwendung nutzer-
freundlich sein und darf keine sehr speziellen Kenntnisse erfordern. Hilfreich ist hier der Einsatz von Dialogsystemen,

bei denen mittels der sogenannten Menütechnik oder durch Frage-
listen der Anwender in der Programmhandhabung unterstützt wird.

Zu beachten ist auch, daß die ausgegebene Information an den
Nutzerprozeß formell angepaßt ist, so daß eine weitere Umsetzung unterbleiben kann und eine unmittelbare Verwendung der
Daten in der benötigten Form möglich ist. Schließlich ergeben
sich wesentliche Probleme aus der Tatsache, daß die gespeicherten Informationen ständig aktualisiert werden müssen. Das erfordert geeignete Methoden, die eine einfache Ergänzung, Änderung oder Erneuerung des Datenbestandes ermöglichen (Bild 2.2).

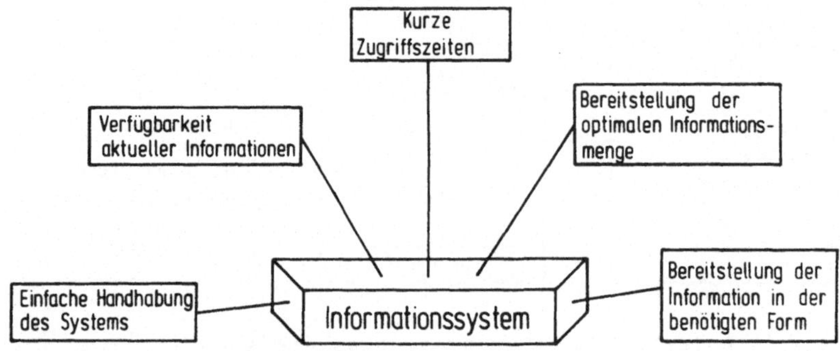

<u>Bild 2.2:</u> Anforderungen an ein Informationssystem

2.4 Planung eines Informationssystems

Aus der Darstellung der Aufgaben eines Informationssystems und
den Anforderungen, die es zu erfüllen hat, kann man erkennen,
daß die erfolgreiche Realisierung eines solch komplexen Systems eine detaillierte Planung voraussetzt. In ihr ist die
Gesamtaufgabe in Teilprobleme zu zergliedern, die folgende
Punkte umfassen sollen / 4 /:

- Abgrenzung der Aufgabenstellung und Ermittlung der für
  dieses spezielle Konstruktionsproblem benötigten Informationen sowie der Form, in der sie dem Anwender zugäng-
  lich gemacht werden.

- Definition der Randbedingungen, unter denen das System
  arbeiten soll. Es muß der Teilnehmerkreis abgeklärt werden und insbesondere die Zuständigkeit für die Infor-
  mationsbeschaffung und die Pflege des Datenbestandes.

- Untersuchen, welche Informationsquellen bisher zur Verfügung standen und ob sie in das geplante System integriert werden können.

- Für die Abspeicherung der Informationen sind bestehende
  Ordnungssysteme zu analysieren.

- Überprüfung realisierter Speicher- und Rückgewinnungs-
  systeme auf ihre Verwendbarkeit.

- Entwurf des Modells des geplanten Informationssystems und
  anschließende Transformation mit Hilfe einer geeigneten
  Programmiersprache in eine EDV-gerechte Lösung.

Entsprechend der oben dargestellten Vorgehensweise wird anschließend ein Informationssystem für die Antriebsauswahl
entwickelt. Hierzu werden zunächst die Systemgrenzen des Antriebs definiert und gezeigt, welche Antriebe der Werkzeugmaschinen behandelt werden. Anschließend wird der Informationsbedarf ermittelt, um eine Abgrenzung der Aufgabenstellung zu
erzielen.

3 Ermittlung des Informationsbedarfs bei der Antriebsauswahl

3.1 Aufgaben der Werkzeugmaschinenantriebe

An Werkzeugmaschinen kann man vier Arten von Antrieben unterscheiden, wie sie in Bild 3.1 gezeigt werden:

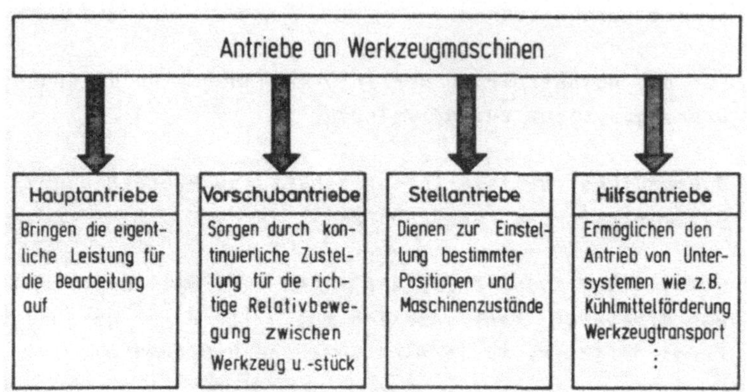

Bild 3.1: Werkzeugmaschinenantriebe

Ihre Aufgaben lassen sich beim Einsatz an spanenden Maschinen
folgendermaßen beschreiben:

Mit dem Hauptantrieb wird die eigentliche Leistung für die
Bearbeitung aufgebracht. Bei drehender Schnittbewegung, wie
z.B. bei Dreh-, Fräs-, Bohr- oder Schleifmaschinen wird der
Ausgang des Hauptantriebs auf die Arbeitsspindel geleitet. Für
Hobel-, Stoß- oder Räummaschinen, also bei geradliniger
Schnittbewegung, ist der Ausgang des Hauptantriebs mit einem
Schlitten verbunden.

Vorschubantriebe sind erforderlich, um die Relativbewegung
zwischen Werkzeug und Werkstück zu erzeugen.

Stellantriebe werden verwendet, um bestimmte Positionen oder auch um bestimmte Zustände an der Maschine einzustellen.

<u>Hilfsantriebe</u> werden in vielfältiger Form gebraucht, z.B. für die Schmier- und Kühlmittelförderung, zum Betrieb der Pumpe eines Hydraulikaggregats oder zum Transport von Werkzeug und Werkstück.

Haupt- und Vorschubantriebe werden üblicherweise als Einzelantriebe ausgeführt. Damit wird neben der Gestaltungsfreiheit des Konstrukteurs vor allem die Anpaßfähigkeit des Antriebs an die speziellen Funktionen gefördert. Bei der Dimensionierung der Vorschubantriebe steht die Dynamik im Vordergrund. Bei Hauptantrieben sind insbesondere Leistung, Größe und Kosten zu berücksichtigen. Aufgrund dieser unterschiedlichen Auswahlkriterien wurden Haupt- und Vorschubantriebe hinsichtlich der Informationsbereitstellung gesondert betrachtet.

3.2 Festlegung der Systemgrenzen

Werkzeugmaschinen sind Maschinen, auf denen mit Hilfe von Werkzeugen und der den Maschinen eigenen Kinematik oder Steuerung aus verschiedenartigem Ausgangsmaterial in ihrer geometrischen Form bestimmte Werkstücke hergestellt werden / 13 /. Werkzeugmaschinen lassen sich nach / 14 / in Untersysteme einteilen, die sich aus der funktionellen Zugehörigkeit der Bauteile ergeben. Mit der in Bild 3.2 dargestellten Gliederung wird der Systemumfang des Antriebs so definiert:

Ein Antrieb umfaßt die Bauelemente des Energiesystems und die Bauelemente des kinematischen Systems sowie die mit ihnen gekoppelten Elemente des Signalsystems, die den geforderten Bewegungszustand der Maschine bewirken.

Bei einem Antrieb sind somit immer elektrische und mechanische Komponenten miteinander verbunden. Erst wenn die Kenndaten und die Betriebseigenschaften der mechanischen Übertragungsglieder bekannt sind, kann der Antrieb festgelegt und schließlich auch optimiert werden.

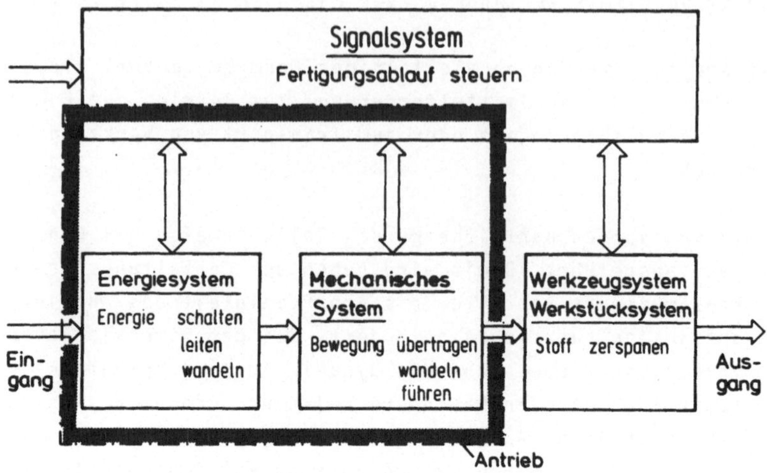

<u>Bild 3.2:</u> Eingliederung des Antriebs in die Systeme einer
Werkzeugmaschine

Wenngleich in der Zielsetzung eines Informationssystems zur
Auswahl elektrischer Antriebssysteme die Informationsbereitstellung für die Projektierung, Bemessung und Einstellung der
elektrischen Bauelemente im Vordergrund zu stehen hat, müssen
somit auch Informationen über die mechanischen Bauteile und
die auszurüstende Arbeitsmaschine selbst, soweit als nötig,
berücksichtigt werden.

<u>3.3 Möglichkeiten der Informationsbereitstellung</u>

Ein technisches Produkt läßt sich nach einem Vorgehensplan
entwickeln, bei dem in zeitlicher Reihenfolge charakteristische Tätigkeiten durchgeführt werden, wie sie in den Konstruktionsphasen beschrieben sind (Bild 3.3) / 15 /.

Dieses Schema hat auch für Teilaufgaben, die im Rahmen einer
Gesamtaufgabe zu erfüllen sind, Gültigkeit. Es ist somit auf
die Auswahl von Antriebssystemen anwendbar, wenn diese bei

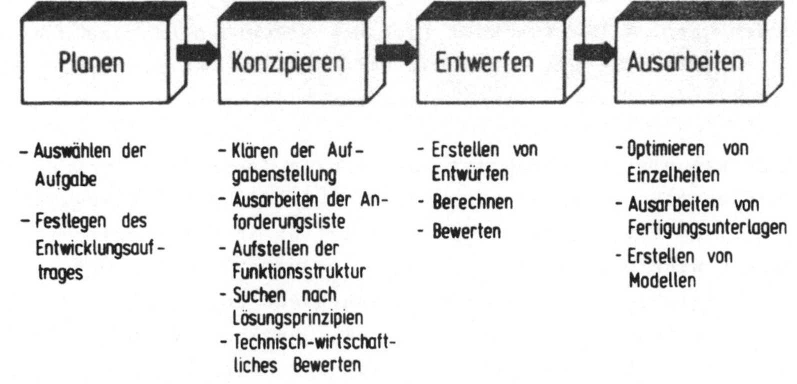

Bild 3.3: Konstruktionsphasen, inhaltlich VDI 2222 ent-
          sprechend.

einer Neu-, Anpassungs-, Varianten- oder Prinzipkonstruktion
/ 16 / einer Maschine durchzuführen ist. Anhand des dargestellten Ablaufs wird nun untersucht, welche Möglichkeiten bestehen, den Konstrukteur bei diesen Tätigkeiten zu unterstützen.
Dabei sind jeweils folgende Fragen zu klären:

- Welche Informationen werden benötigt, um einen Konstruk-
  tionsfortschritt zu erzielen?

- Auf was für Informationsquellen greift der projektierende
  Ingenieur bisher zu und eignen sich diese zur Integration
  in ein Informationssystem?

- Gibt es zusätzliche Informationsmöglichkeiten, die den
  Auswahlprozeß einfacher, schneller oder sicherer machen?

3.3.1 Erstellen der Anforderungsliste

Die Entscheidungsfindung, welcher Antrieb für eine bestimmte
Aufgabe der geeignetste ist, wird erleichtert, wenn zum Be-
werten der Lösungsvarianten ein Vergleich zwischen den Forde-

rungen und Wünschen und den erzielbaren Ergebnissen gezogen
werden kann. Hieraus ergibt sich die Notwendigkeit, zu Beginn
der Aufgabenstellung möglichst umfassend die Anforderungen zu
formulieren, die an die Antriebe gestellt werden.

Im Werkzeugmaschinenbau ist häufig eine Trennung in Maschinen-
und Elektrokonstruktion anzutreffen. Da die Antriebsauswahl
von beiden bearbeitet werden muß, ist es in der Praxis nicht
immer gewährleistet, daß der mit der Auswahl der elektrischen
Antriebselemente befaßte Elektroingenieur aus der Anforderungsliste des Maschinenkonstrukteurs alle Angaben bekommt, die für
die optimale Auslegung des vorgesehenen Antriebs notwendig
sind. Hieraus ergibt sich als erste Aufgabe für ein Informationssystem die

- Bereitstellung einer umfassenden Anforderungsliste für
  Hauptspindel- und Vorschubantriebe.

3.3.2 Ermittlung der Eingabegrößen

Für diese Anforderungsliste müssen die darin gewünschten Angaben ausgefüllt und die einzelnen Eingabegrößen wertmäßig
festgelegt werden. Diese sind aus dem Pflichtenheft der Werkzeugmaschine abzuleiten. Dabei sind nach / 17 / zwei Methoden
zu unterscheiden, nach denen ein geplantes oder ein zu über-
arbeitendes Produktionsprogramm von Werkzeugmaschinen ausge-
wählt wird:

- Es ist entweder das Bearbeitungsverfahren bereits festgelegt, für das eine neue Maschine und diese in Baureihe
  oder Varianten entwickelt werden soll;

- oder es ist ein Teil, eine Teilegattung oder ein Teilespektrum gegeben, für das neue Fertigungseinrichtungen
  entwickelt werden sollen.

Im ersten Fall sind es vor allem die für den Einsatz in Frage

kommenden Werkzeuge, nach denen man die geplanten Maschinen
auslegen muß. Im zweiten Fall muß zuerst das Teilespektrum der
zu bearbeitenden Werkstücke analysiert und sortiert werden,
für das ein Bauprogramm von Fertigungseinrichtungen erarbeitet
werden soll.

In beiden Fällen gibt es Baugruppen und Bauelemente, die vom
geforderten Arbeitsraum her festgelegt werden müssen. Unab-
hängig hiervon sind jedoch die Antriebe nach Gesichtspunkten
zu dimensionieren, die sich aus den Erfordernissen des Betriebs ergeben. Die maximale Belastung des Antriebs resultiert entweder aus der zu bewältigenden Nutzarbeit oder aus
der in einer begrenzten Zeit geforderten Beschleunigung auf
eine höchste Geschwindigkeit, ohne Belastung oder unter Belastung durch die anlaufende Nutzarbeit / 17 /.

In Bild 3.4 werden verschiedene Wege zur Ermittlung der Belastungsgrößen aufgezeigt. Eine Unterstützung des Konstrukteurs bei dieser Tätigkeit ist gegeben. Es besteht die Möglichkeit, sich vom Informationszentrum für Schnittwerte
(INFOS) die gewünschten Daten wie z.B. Kräfte, Momente, Zer-
spanleistungen und Drehzahlen für vorgegebene Werkstoff-
Schneidstoffkombinationen errechnen zu lassen.

Die Darstellung der Leistungsfähigkeit der für einen Einsatz
in Betracht gezogenen Werkzeuge in einem Leistungs-Drehmoment-
Drehzahldiagramm wird als Verfahrenscharakteristik bezeichnet,
wie sie in Bild 3.5 für verschiedene Fräswerkzeugarten dargestellt ist. Aus der Festlegung von Arbeitsbedingungen wie z.B.
Fräserdurchmesser und Schnittgeschwindigkeit, ergibt sich
hieraus die Verfahrenskennlinie, der dann ein Antrieb mit pas-
sender Charakteristik zuzuordnen ist.

Beim Ausfüllen des Pflichtenheftes hat der Konstrukteur auch
Anforderungen an die Motoren zu definieren, von denen er wissen muß, daß sie durch VDE-Bestimmungen und DIN-Normen festgelegt sind. Da die einzelnen Vorschriften den Sachverhalt in

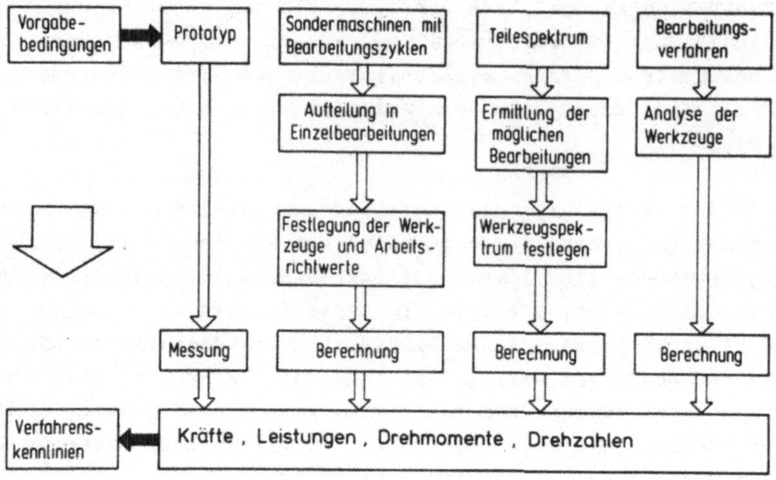

Bild 3.4: Möglichkeiten zur Ermittlung der Belastungsgrößen

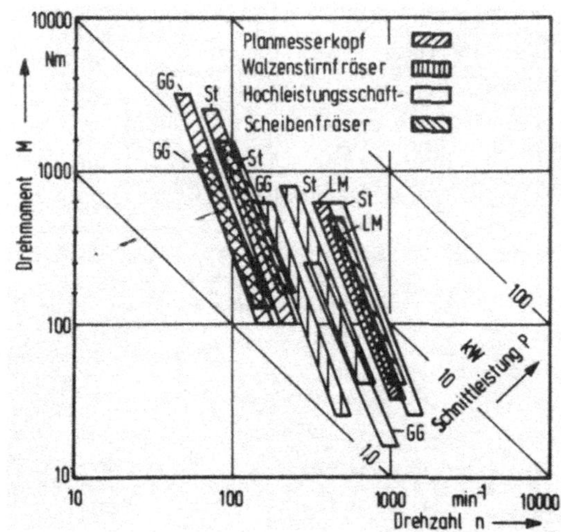

Bild 3.5: Verfahrenscharakteristik für verschiedene Fräswerkzeugarten bei Bearbeitung verschiedener Werkstoffe
/ 17 /

verbaler und graphischer Form recht umfassend darstellen, erscheint eine Übernahme des Informationsinhaltes in einen Speicher nur für Teilbereiche, z.B. Vereinbarungen über Norm- und Listenmotoren, sinnvoll. Dagegen ist es wichtig, dem Ingenieur eine Übersicht über die zu beachtenden Bestimmungen zu geben und ihm auf eine Anfrage mitzuteilen, wo die entsprechende Information zu finden ist (Bild 3.6).

Zusammenfassend kann festgestellt werden:
Die Bedeutung der Erfassung aller notwendigen Eingabedaten für die Auswahl und Auslegung der Antriebssysteme ist nicht hoch genug einzuschätzen. Für die Unterstützung bei dieser Tätigkeit durch ein Informationssystem bieten sich folgende Punkte an:

- Ermittlung der Belastungsgrößen, die sich aus vorgegebenen Zerspanbedingungen ableiten lassen.

- Hinweise auf die zu beachtenden Normen und Ausgabe der wichtigsten Sachverhalte.

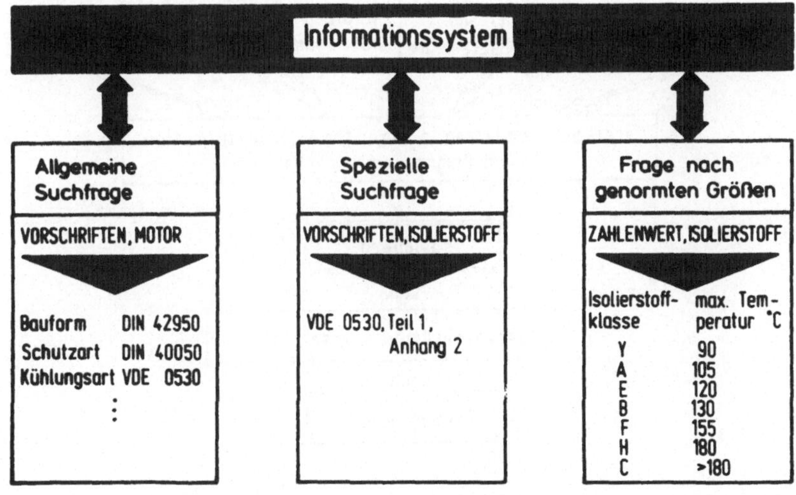

Bild 3.6: Beispiel der Informationsbereitstellung bei Normen und Vorschriften

3.3.3 Bereitstellung von Berechnungsmethoden, Daten der Bau-
elemente und Rechenmodellen

Die Abstraktion der Gesamtaufgabe zur Gesamtfunktion und deren Aufgliederung in Teilfunktionen soll hier nicht im Sinne
des "methodischen Konstruierens" geschehen, bei dem dann für
die Teilfunktionen Lösungsprinzipien zu finden sind / 18 /.
Sie wird hier dazu dienen, die Struktur in der Praxis bewähr-
ter Antriebslösungen zu analysieren und die dabei eingesetzten Bauelemente zu erfassen.

Liegen diese fest, sind dem Konstrukteur für den weiteren
Rechengang Programmteile bereitzustellen, in denen der Auswahlablauf vorgegeben ist, und die Berechnungsmethoden zur
Dimensionierung der einzelnen Bauelemente und für die Ver-
haltensprüfung des gesamten Antriebs beinhalten. Daneben ist
die Form einer anwendungsgerechten Ergebnisausgabe zu erar-
beiten. Schließlich sind die Kennwerte und Daten der am Markt

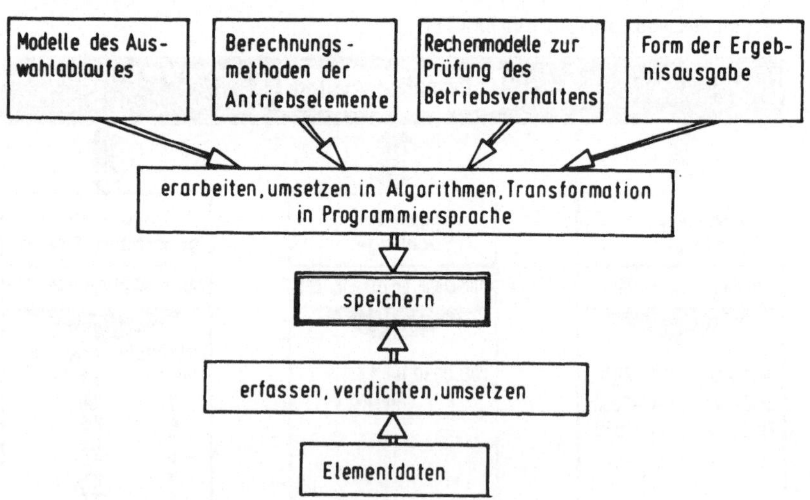

<u>Bild 3.7:</u> Erfassung und Aufbereitung von Informationen zur
Realisierung der Berechnungsprogramme

angebotenen Antriebselemente zu erfassen und abzuspeichern.
Vorbereitende Schritte zur Realisierung dieser Module des Informationssystems zeigt Bild 3.7.

3.3.4 Technisch-wirtschaftliche Bewertung

Liegen für eine Konstruktionsaufgabe mehrere Lösungen vor,
die die gestellten Bedingungen erfüllen, müssen für eine end-
gültige Entscheidungsfindung die einzelnen Varianten bewertet
werden. Vorschläge für ein diesbezügliches Vorgehen sind in
der Literatur zu finden / 19,20 /. Dabei wird aber auch auf
die große Problematik einer korrekten Beurteilung hingewiesen.

Bei Baugruppen, die, wie z.B. die Antriebe, vorwiegend aus Zukaufteilen zusammengesetzt sind, tritt diese Schwierigkeit
deutlich zutage, da nicht nur objektiv meßbare Größen der Bauteile, wie das Gewicht oder der Wirkungsgrad des Motors, bewertet werden müssen, sondern auch schwer kalkulierbare Größen
wie Betriebssicherheit eines Gerätes, Servicefreundlichkeit
und Lieferfähigkeit eines bestimmten Herstellers oder die
Marktchance eines neuen technischen Konzepts.

Eine unmittelbare Bewertung der Antriebslösung durch den Rech-
ner erscheint nicht als sinnvoll, sondern muß dem Konstrukteur
vorbehalten sein. Dabei ist ihm aber dadurch Hilfestellung zu
leisten, daß bei der Ergebnisausgabe für eine Bewertung geeignete Daten, wie z.B. die statischen, dynamischen und thermischen Kennwerte des Antriebs oder die Kosten der einzelnen Zukaufteile mit ausgegeben werden.

3.4 Zusammenfassung des Informationsbedarfs und die hieraus resultierende Struktur des Informationssystems

Aus der Analyse der Tätigkeiten, die der Konstrukteur bei der
Antriebsauswahl durchzuführen hat, wurde in diesem Kapitel der
Informationsbedarf ermittelt. Er ist in Bild 3.8 zusammenge-
faßt.

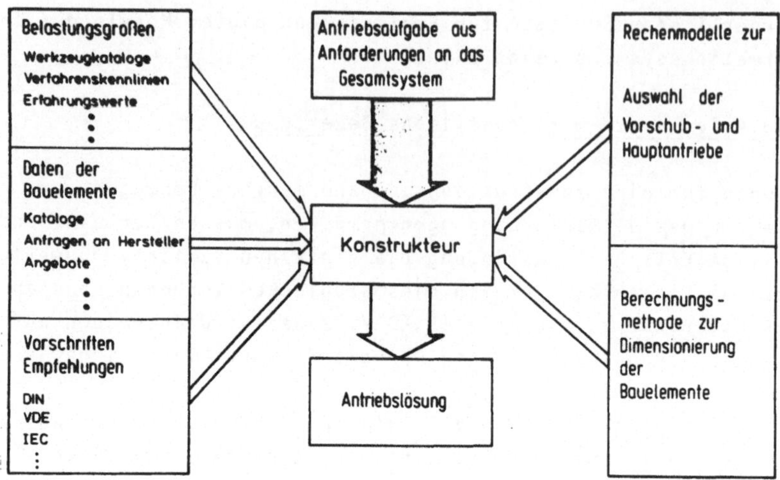

Bild 3.8: Informationsbedarf des Konstrukteurs bei der Antriebsauswahl

Hieraus lassen sich zwei Teilsysteme der Informationsbereitstellung ableiten:

Teilsystem 1:

Es enthält die Informationen (z.B. Daten der Bauelemente, Normen) auf die der Konstrukteur im Rahmen der Antriebsauswahl zugreift, oder die er als Eingabegrößen für den Auswahlvorgang benötigt. Die Bereitstellung solcher Informationen erfordert ein programmtechnisches Konzept, das folgende Bedingungen erfüllen muß:

- Möglichkeiten zur Beschreibung der gewünschten Information z.B. über eine Anfragesprache,

- kurze Zugriffszeiten,

- einfache Manipulation des Datenbestandes (Ändern, Löschen,
  Ergänzen) z.B. über eine Handhabungssprache,

- vom Anwender erweiterbar.

Die Struktur eines solchen Systems zeigt Bild 3.9.

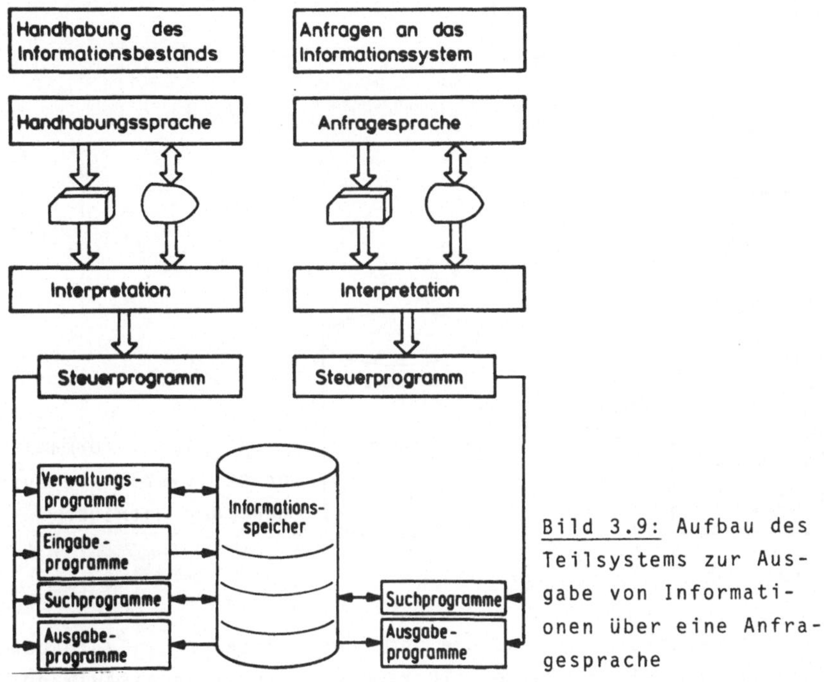

Bild 3.9: Aufbau des Teilsystems zur Ausgabe von Informationen über eine Anfragesprache

<u>Teilsystem 2:</u>

Es umfaßt die Rechenmodelle zur Auswahl der Vorschub- und
Hauptspindelantriebe und die Berechnungsmethoden zur Dimensionierung der einzelnen Bauelemente. Während des Auswahlvor-
ganges greift es auf Teilsystem 1 zu und holt sich die benötigten Daten der Bauteile. Die für den automatisch ablaufen-
den Auswahlvorgang erforderlichen Eingabeinformationen werden
dem System über eine problembezogene Sprache mitgeteilt. Der

damit verbundene Aufwand läßt sich durch eine Dialogeingabe
reduzieren. Das Konzept dieses zweiten Teilsystems zeigt
Bild 3.10.

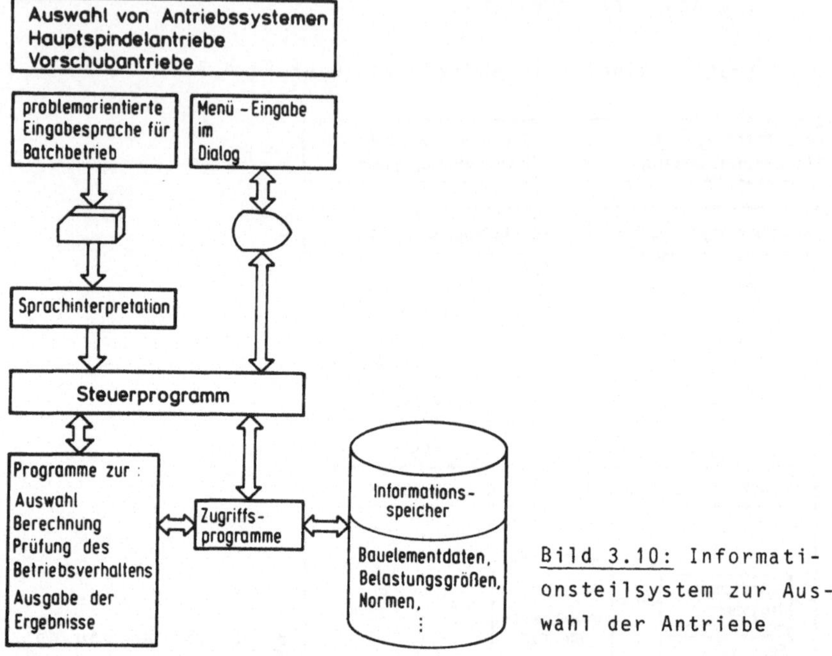

Bild 3.10: Informationsteilsystem zur Auswahl der Antriebe

Konzept des Gesamtsystems

Für das Gesamtsystem, das die oben beschriebenen Teilaufgaben
erfüllt, ist ein minimaler programmtechnischer Gesamtaufwand
anzustreben. Dies kann zunächst durch eine einheitliche Syntax der Eingabe-, Datenmanipulations- und Anfragesprachen erreicht werden, so daß ein gemeinsamer Interpretationsmodul
hinreichend ist. Daneben sind die auf den Informationsspei-
cher zugreifende Programme so zu gestalten, daß sie sowohl
für die Berechnungsprogramme als auch das Anfragesystem zur
Verfügung stehen. Schließlich ist der Inhalt des Speichers so
zu wählen, daß der für den Berechnungsteil benötigte eine
Teilmenge des Gesamten darstellt.

4 Bestimmung des Informationsinhaltes

Nachdem der Informationsbedarf ermittelt und die Struktur des
Systems definiert wurde, hat nun eine Wertung zu erfolgen, bei
der festgelegt wird, für welche Bauelemente die Daten abzuspeichern sind und für welche Antriebsvarianten Berechnungs-
modelle verfügbar gehalten werden sollen.

4.1 Informationsbereitstellung für Vorschubantriebe

Die Auswahl von Vorschubantrieben wird in der Literatur an
verschiedenen Stellen diskutiert / 21...24 /. Ein unter Einbeziehung dieser Erkenntnisse realisiertes Programmiersystem zur
rechnerunterstützten Auslegung dieser Antriebe wird in
/ 25,26 / beschrieben. Die dort entwickelten Module zur Auswahl von drehzahlgeregelten Vorschubmotoren und zur Simulation
des gesamten lagegeregelten Vorschubantriebs zeigt Bild 4.1.
Sie können in dieser Form als Bausteine für das Informationssystem übernommen werden. Lediglich die Speicherung und Hand-
habung der Elementdaten sind an die neue Konzeption anzupassen.

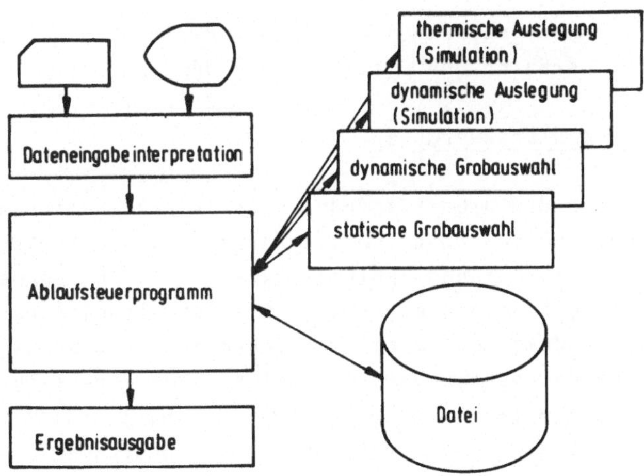

Bild 4.1: Bausteine zur Auswahl von Vorschubantrieben

4.2 Informationsbereitstellung bei Hauptantrieben

Der Rechnereinsatz bei der Auswahl der Hauptspindelantriebs-
elemente beschränkt sich bisher auf die Auswahl einzelner Zukaufteile wie Kupplungen / 27 / oder verstellbarer mechanischer
Getriebe / 10 / oder stellt die konstruktive Gestaltung von
Zahnradgetrieben in den Vordergrund / 28,29 /. Deshalb ist
hier die Informationsbereitstellung für die Auswahl der
elektrischen Antriebskomponenten zu analysieren. Ausgehend
von den Anforderungen an Hauptantriebe werden die verschiedenen Antriebsvarianten untersucht und festgelegt, für welche
Konfiguration eine Rechnerunterstützung sinnvoll erscheint.

4.2.1 Anforderungen und Eingabegrößen

Die Anforderungen an die Hauptspindelantriebe leiten sich von
dem Bearbeitungsverfahren ab und beziehen sich auf:

- das Leistungsvermögen
- den Drehzahlstellbereich und die Drehzahlstufung
- das Übertragungsverhalten.

Hinzu kommen Forderungen nach einem Minimum an Wartung, Ver-
schleiß, Geräusch und Platzbedarf / 30 /.

4.2.1.1 Leistungsvermögen

Der Antrieb der Arbeitsspindel einer Werkzeugmaschine muß die
erforderliche Leistung für die Zerspanung des Werkstücks ab-
geben und die Reibungsverluste decken, die in den mechanischen
Übertragungsgliedern auftreten. Die Schnittleistung ergibt sich
aus dem Produkt von Schnittkraft und Schnittgeschwindigkeit.
Bei spanenden Verfahren mit rotatorischer Wirkbewegung bedeutet
dies, daß die Leistung aus Gründen der Wirtschaftlichkeit auch
bei unterschiedlichen Dreh- und Werkzeugdurchmessern konstant
sein muß.

Dies führt zur Forderung nach einem Antrieb mit großem Drehzahlstellbereich bei konstanter Leistungsabgabe. Die Grenze der Belastbarkeit ist konstruktiv bedingt. Festigkeit, Zahn- und Lagerkräfte, statische und dynamische Steifigkeit des Bettes, ebenso das Schwingungsverhalten in Abhängigkeit von der Drehzahl bestimmen eine obere Grenze für das zulässige Drehmoment. Dieses kann für den ganzen Drehzahlbereich als konstant angenommen werden / 31 /. Da nur dieses Grenzmoment M_{gr} übertragen werden kann, ist auch die Einhaltung der kostenoptimalen Schnittleistung P_{opt} erst ab einer gewissen Kenndrehzahl n_k möglich und nötig.

Es gilt:

$$n_k = \frac{P_{opt}}{2 \pi M_{gr}} \quad .$$

Somit unterscheidet man bei Hauptantrieben einen Bereich konstanten Momentes und einen Bereich konstanter Leistung, wie er in Bild 4.2 zu sehen ist.

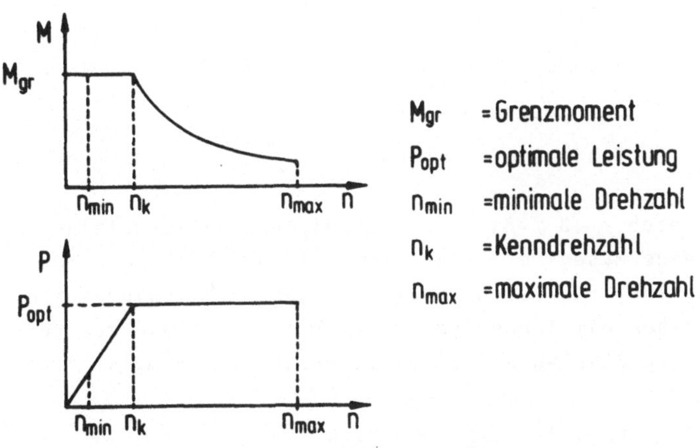

<u>Bild 4.2:</u> Schnittmomenten- und Leistungskennlinie für einen Hauptspindelantrieb

4.2.1.2 Drehzahlstellbereich und Drehzahlstufung

Der Drehzahlstellbereich B bezeichnet das Verhältnis zwischen
Maximalwert und Minimalwert der Spindeldrehzahl. Die maximale
Drehzahl, die an der Spindel benötigt wird, ergibt sich aus:

$$n_{max} = \frac{v_{max}}{D_{min}\pi} \quad \text{und die minimale aus:} \quad n_{min} = \frac{v_{min}}{D_{max}\pi} \; .$$

Dabei ist v_{max} die größte und v_{min} die kleinste Schnittgeschwindigkeit, die jeweils für eine bestimmte Bearbeitung benötigt wird.

Die Durchmessergrenzen der Werkstücke, die auf Drehmaschinen
gefertigt werden sollen, sind mit D_{max} und D_{min} bezeichnet.
Bei Maschinen mit umlaufenden Werkzeugen geben diese Größen
die Durchmesser des größten bzw. kleinsten Werkzeuges an, das
man verwenden möchte. Der Drehzahlstellbereich ergibt sich
dann zu:

$$\frac{n_{max}}{n_{min}} = \frac{v_{max}}{v_{min}} \cdot \frac{D_{max}}{D_{min}} = B_V \cdot B_D = B$$

B_V = Schnittgeschwindigkeitsbereich

B_D = Durchmesserbereich

B = Gesamtstellbereich

Da es nach / 13 / nicht zweckmäßig und wirtschaftlich ist,
z.B. eine Maschine für Feinbearbeitung, Drehen mit Hartmetall,
Bearbeitung von Leichtmetall und auch für Gewindeschneiden,
für Drehen mit Schnellschnittstahl und für die Bearbeitung von
legierten Stählen auszulegen, errechnet man meist:

$$n_{max} \text{ aus } v_{max} \text{ und } D_{min} \, ,$$

$$n_{min} \text{ aus } v_{min} \text{ und } D_{max} \, .$$

Dies wird an folgendem Beispiel erläutert / 13 /:

Es ist der Stellbereich einer Drehmaschine festzulegen, auf der Werkstücke mit einem maximalen Durchmesser von 400 mm und einem minimalen Durchmesser von 16 mm hergestellt werden sollen. Drehen mit Hartmetall ist nicht erforderlich, dagegen ist Gewindeschneiden vorzusehen. Die größte Schnittgeschwindigkeit sei $v_{max} = 31,5\ m \cdot min^{-1}$ und die kleinste $v_{min} = 12,5\ m \cdot min^{-1}$. Damit ergibt sich der Durchmesserbereich B_D zu:

$$B_D = \frac{D_{max}}{D_{min}} = \frac{400mm}{16mm} = 25\quad,$$

und der Schnittgeschwindigkeitsbereich B_v zu:

$$B_v = \frac{v_{max}}{v_{min}} = \frac{31,5m \cdot min^{-1}}{12,5m \cdot min^{-1}} = 2,52\quad.$$

Somit wird der Gesamtstellbereich:

$$B = B_D \cdot B_v = 25 \cdot 2,52 = 63\quad.$$

Der Stellbereich ist also dem Bearbeitungsspektrum anzupassen. Generell kann aber gesagt werden, daß für Universalmaschinen ein großer Bereich und für Einzweckmaschinen ein kleiner Bereich benötigt wird.

Normalerweise genügt es, die im Drehzahlbereich liegenden Drehzahlsollwerte nur stufig einzustellen. Für Planbearbeitung, Gewindeschneiden und für die Überwindung von Resonanzstellen ist eine kontinuierliche Einstellung der Spindeldrehzahlen erforderlich.

Für Werkzeugmaschinen sind international folgende Stufensprünge genormt / 13 /:

$$\varphi = 1,12 \quad \text{entsprechend Reihe R 20}$$
$$\varphi = 1,25 \quad \text{entsprechend Reihe R 10}$$
$$\varphi = 1,40 \quad \text{entsprechend Reihe R 20/3}$$
$$\varphi = 1,60 \quad \text{entsprechend Reihe R 5}$$
$$\varphi = 2,00 \quad \text{entsprechend Reihe R 10/3.}$$

4.2.1.3 Übertragungsverhalten

Das Übertragungsverhalten stellt die eindeutige Zuordnung zwischen den Ausgangs- und Eingangsgrößen eines Systems her. Ausgangsgröße des Hauptantriebs ist die Spindeldrehzahl n_{Spi} und Eingangsgröße die Sollspindeldrehzahl n_{Sps}.

Die Anforderungen an das Übertragungsverhalten beziehen sich vor allem auf das Störverhalten, bei dem eine rasche Beseitigung der bei Belastungsänderungen auftretenden Drehzahlabweichungen mit Beschränkung der Maximalwerte erwartet wird. Daneben wird ein gutes Führungsverhalten gewünscht, bei dem durch zeitoptimale Anlauf- und Bremsvorgänge die Nebenzeiten klein gehalten werden können.

4.2.1.4 Eingabegrößen

Aus den Anforderungen sind die Eingabegrößen in ein Rechenprogramm abzuleiten, die folgende Punkte umfassen:

- Die von dem speziellen Bearbeitungsverfahren geforderten oder von der Maschinenkonstruktion festgelegten Arbeitspunkte, sowie eventuell zugelassene Abweichungen nach oben oder unten, sind in einem Drehzahl-, Drehmomenten-, Leistungskennlinienfeld einzutragen.

- Stufensprung φ_{Sp} der Arbeitsspindel.

- Betriebsart nach VDE 0530 des Antriebs / 32 /.

- Quadranten, in welchen der Antrieb gefahren werden soll.

- Hochlaufzeiten.

- Vorhandener Netzanschluß (Spannung, Frequenz, mit oder ohne belastbaren Mittelpunktsleiter).

4.2.2 Funktionsstruktur und gerätetechnische Varianten der Hauptantriebe

Aus der allgemeinen Aufgabenstellung für die Hauptantriebe ist die Funktionsstruktur, das heißt die Verknüpfung von Teilfunktionen zum Erfüllen der Gesamtfunktion / 16 /, abzuleiten und anschließend deren gerätetechnische Realisierung zu untersuchen.

4.2.2.1 Funktionsstruktur

Die allgemeine Aufgabe lautet:
Energie ist über ein Stellglied dem Energiewandler zuzuführen und mit Hilfe mechanischer Übertragungsglieder an den Verbrauchsort zu leiten. Durch geeignete Kombination der Funktionselemente muß die geforderte Leistungs-Drehmomentcharakteristik der Arbeitsmaschine nachvollzogen werden. Der Energiefluß ist durch Signale so zu beeinflussen, daß der Arbeitsprozeß in der gewünschten Weise abläuft.

Da als Energiequelle üblicherweise das elektrische Netz zur Verfügung steht, erfolgt die Energiewandlung durch einen Elektromotor. Seine Ausgangsgrößen sind die Drehzahl n_M mit dem Drehmoment M_M. Da eine Zwischenwandlung in andere Energieformen, z.B. hydraulische, selten vorkommen, folgt meist unmittelbar das mechanische Übertragungssystem. Somit läßt sich der Hauptspindelantrieb in die in Bild 4.3 gezeigten Funktions-

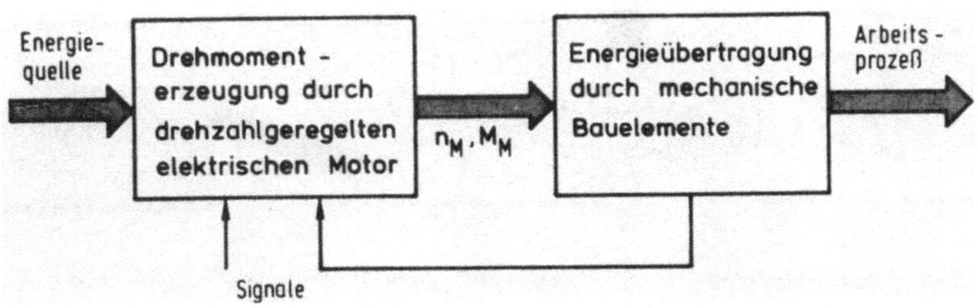

Bild 4.3: Funktionsstruktur des Hauptantriebs

blöcke aufgliedern, deren Lösungselemente nachfolgend unter
dem Gesichtspunkt der Informationsbereitstellung analysiert
werden.

4.2.2.2 Gerätetechnische Varianten der Hauptantriebe

Die Elektromotoren untergliedern sich in solche, die eine oder
mehrere gestufte Abtriebsdrehzahlen ermöglichen, und in Motoren, deren Drehzahlen stufenlos verstellbar sind.

Ihnen werden mechanische Getriebe nachgeschaltet, die sich
aufteilen lassen in Stufengetriebe und in stufenlos stellbare
Getriebe.

Den Anforderungen des Bearbeitungsverfahrens entsprechend,
sind damit gestufte und stufenlos verstellbare Spindeldrehzahlen realisierbar, wie Bild 4.4 zeigt.

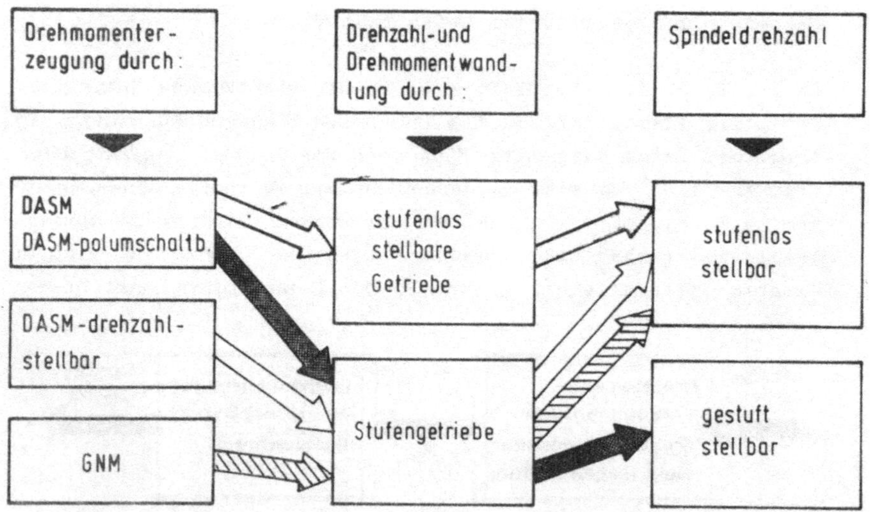

Bild 4.4: Varianten zur Erzielung gestufter und stufenlos verstellbarer Spindeldrehzahlen und ihre gerätemäßige
Realisierung

Aus der Gesamtzahl der möglichen Bauelementkombinationen sind
in der Praxis folgende Varianten von Bedeutung:

1. Drehstromasynchronmotoren (DASM), auch polumschaltbar,
   in Verbindung mit Stufengetrieben in verschiedenen Aus-
   führungsformen.

2. Gleichstromnebenschlußmotoren (GNM) mit weitgestuften
   schaltbaren Schieberad- und Kupplungsgetrieben.

3. Umrichtergespeiste DASM mit mechanischen Getrieben wie
   bei 2.

4. DASM mit stufenlos stellbaren Getrieben, vor allem Um-
   hüllungsgetrieben, mit zusätzlichen vor- oder nachge-
   schalteten Getriebestufen / 33 /.

Zu 1.:

Bei konventionellen Werkzeugmaschinen wird bisher die erstge-
nannte Lösung bevorzugt. Wesentliche Aufgabe der Antriebsauslegung ist hier die Konstruktion eines geeigneten Stufenge-
triebes. Zur Unterstützung dieser Tätigkeit gibt es Rechen-
programme / 12,28,29 /. In diesen sind die genormten Last-
drehzahlen der DASM gespeichert, sowie die Leistungsreihen der
Normmotoren. Für diese Antriebsaufgabe muß das Informationssystem bereitstellen:

- Kenndaten der Motoren verschiedener Hersteller.

Zu 2.:

Mit zunehmender Automatisierung der Maschinen und nahezu ausschließlich bei NC-Werkzeugmaschinen werden die unter zweitens
genannten Systeme mit Gleichstrommotoren eingesetzt. Die Mo-
tordrehzahleinstellung erfolgt unter Zuhilfenahme des Anker-
oder des Feldsteuerbereichs. Im Ankersteuerbereich läßt sich

die Drehzahl durch Änderung der Ankerspannung von Null bis zur
Nenndrehzahl stufenlos verstellen.

Im Feldstellbereich erfolgt bei zunächst konstanter Leistung,
und später, durch die Kommutierungsgrenzkurve bedingt, bei re-
duzierter Leistung, eine weitere stufenlose Drehzahländerung
(Bild 4.5).

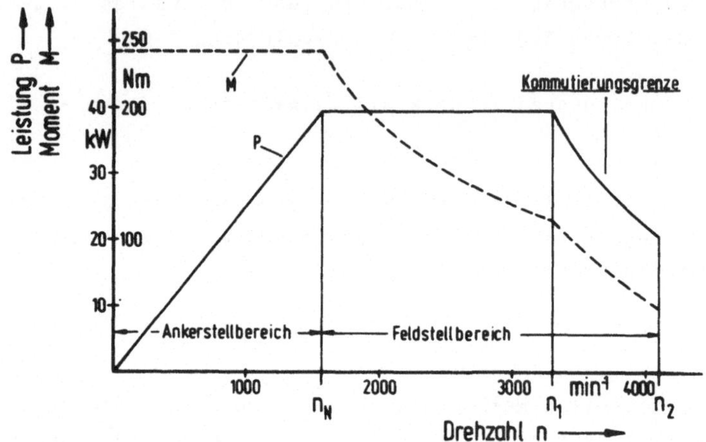

Bild 4.5: Drehmoment, Leistungsdiagramm und Betriebspunkte
eines GNM-Hauptantriebmotors

Da der für die Zerspanung gewünschte Drehzahlbereich konstanter Leistung nicht ausschließlich durch Feldschwächung erreicht werden kann, ist eine Bereichsanpassung durch ein weit-
gestuftes Getriebe erforderlich. Diese Getriebe werden vom
Werkzeugmaschinenhersteller selbst gefertigt oder können als
Zukaufteil erworben werden. Die Auswahl der elektrischen Antriebselemente ist hier gegenüber der Lösung 1 aus folgenden
Gründen schwieriger und zeitaufwendiger:

Die Gleichstrommotoren sind keine Normmotoren. Ihre Betriebspunkte werden von den Herstellern festgelegt. Hierdurch ergibt sich eine große Zahl möglicher Lösungen Motor-Getriebe
für die gewünschte Spindelkennlinie.

Dies wird durch Bild 4.6 illustriert, das die Anker- und Feld-
stellbereiche für Motoren verschiedener Leistungen eines einzelnen Herstellers zeigt.

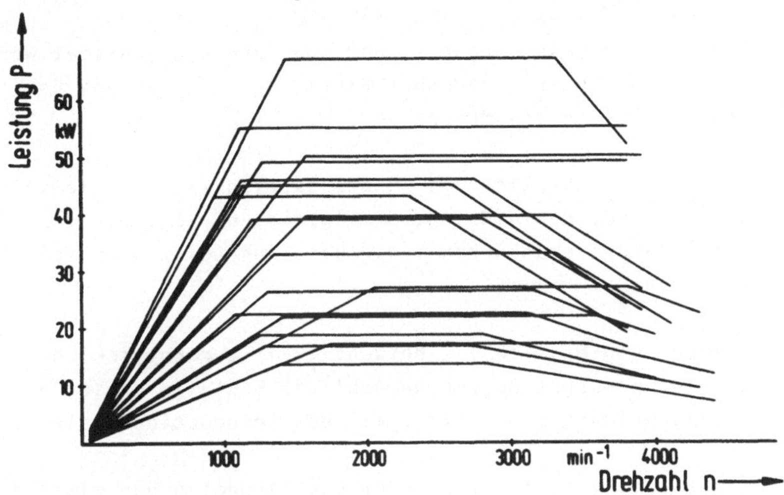

<u>Bild 4.6</u>: Anker- und Feldstellbereich für Motoren verschiede-
ner Nennleistung eines Herstellers

Durch entsprechende Aussteuerung des Anker- und Feldstellbe-
reichs läßt sich der Bereich konstanter Leistung eines Motors
ändern, wodurch sich die genannten Variationsmöglichkeiten
vervielfachen.

Neben den Motoren müssen auch die zugehörigen Stell- und Lei-
stungsglieder festgelegt werden.

Da verschiedene Firmen nur Motoren anbieten, sind Elemente an-
derer Hersteller anzupassen und das Gesamtverhalten ist zu
überprüfen.

Für eine Reihe von Anwendungsfällen werden Bedingungen an die
Dynamik (Hochlaufzeiten, Bremszeiten) gestellt. Da die GNM
drehzahlgeregelt, meist mit ablösender Strombegrenzung, ein-

gesetzt wird, sind zur Kontrolle dieser Vorgabegrößen geeignete Rechenmodelle des Antriebs bereitzustellen. Hochlauf und
Stillsetzen der Spindel sowie Reversiervorgänge erfolgen hier
über den Motor (im Gegensatz zu Antrieben, bei denen der Motor
durchläuft, und diese Vorgänge über Kupplungen geschaltet werden.) Dies muß für entsprechende Einsatzbedingungen bei der
Leistungsermittlung des Motors berücksichtigt werden.

Unterschiedliche Überwachungs- und Zusatzfunktionen, die verschiedene Hersteller in Motor, Stellglied und Regeleinrichtung
integriert haben, erschweren den Preis- und Leistungsvergleich
der Bauelemente.

- Hieraus ergibt sich die Notwendigkeit zur Entwicklung eines Rechenprogramms zur Auswahl der Bauteile dieser Antriebsvariante als Bestandteil des Informationssystems.

- Gleichzeitig müssen auch hier die Kenndaten der elektrischen Antriebselemente abgespeichert werden.

<u>Zu 3.:</u>

Die DASM weist gegenüber der GNM gewisse Vorteile auf (gerin-
geres Gewicht bei gleicher Leistung, kein Wartungsaufwand,
höhere Schutzart möglich, als Normmotor verfügbar). Für spezielle Antriebsprobleme, bei denen die genannten Faktoren aus-
schlaggebend sind, werden diese Motoren eingesetzt, wobei die
Drehzahlstellung über Umrichter erfolgt. Nachteilig ist der
bisher höhere Preis für diese Antriebslösung im Vergleich zur
GNM. Neuere Lösungen / 34 / sind aber so erfolgversprechend,
daß die Auswahl dieser Antriebe über ein Informationssystem
mit eingeplant werden muß, zumal hier auf Normmotoren zugegriffen wird.

- Für diese Antriebslösung müssen damit die Daten von
  DASM-Normmotoren zur Verfügung gestellt werden. Eine
  Integration der Umrichterelemente und von Rechnermodel-

len für diesen Fall sind bei der Festlegung der Daten-
struktur (vergl. Kap. 6) zu berücksichtigen.

Zu 4.:

Diese Antriebsvariante erfordert dieselben elektrischen Bauelemente wie Fall 1. Somit gilt für die Bereitstellung das dort
Gesagte.

4.3 Zusammenfassung des Informationsinhaltes

Eine Zusammenfassung der abzuspeichernden elektrischen Antriebselemente und der benötigten Berechnungsprogramme, sowie
eine mögliche Erweiterung auf mechanische Zukaufteile und die
Kopplung an Getriebeberechnungsprogramme zeigt Bild 4.7 für
die Hauptantriebe.

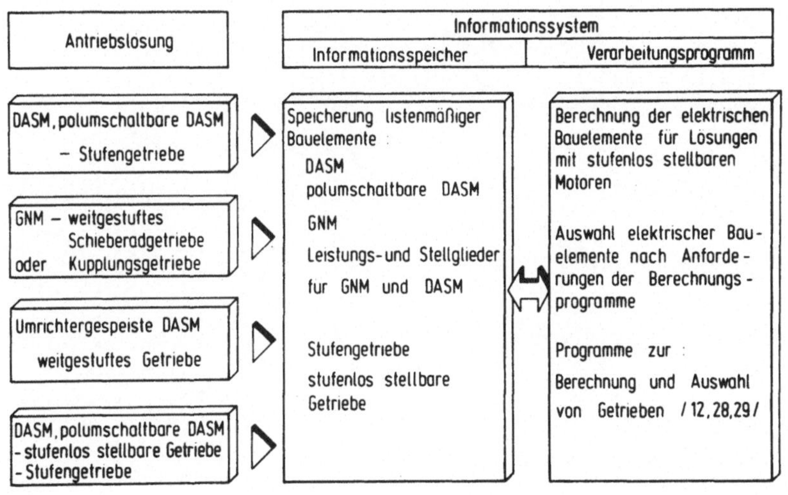

Bild 4.7: Inhalt des Informationssystems für die Auswahl und
Berechnung von Bauelementen für die verschiedenen
Antriebslösungen bei Hauptantrieben

Entsprechend der in Kapitel 2 dargestellten Vorgehensweise zur
Realisierung eines Informationssystems, wurde bisher der Bedarf des Konstrukteurs an Informationen erfaßt und diese hinsichtlich Speichermöglichkeiten und Aktualität bewertet. Anschließend hat eine rechnergerechte Aufbereitung zu erfolgen.

Da, wie in Kapitel 4.1 gezeigt wurde, nur für Vorschubantriebe
geeignete Auswahlprogramme existieren, sind im Rahmen dieser
Arbeit Methoden zur rechnerunterstützten Auswahl der Hauptantriebe beim Einsatz der Gleichstromnebenschlußmotoren zu
entwickeln und Möglichkeiten zur Klassifikation und Speicherung der Bauelementdaten zu untersuchen.

5 Entwicklung von Methoden zur Elementauswahl beim Einsatz der Gleichstromnebenschlußmotoren

Eine allgemeine Vorgehensweise zur Auslegung elektrischer Antriebe ist in der Literatur beschrieben / 35...38 /. Sie umfaßt die Auswahl der Bauelemente nach statischen und dynamischen Gesichtspunkten und eine Prüfung des Betriebsverhaltens des gesamten Antriebs (Bild 5.1).

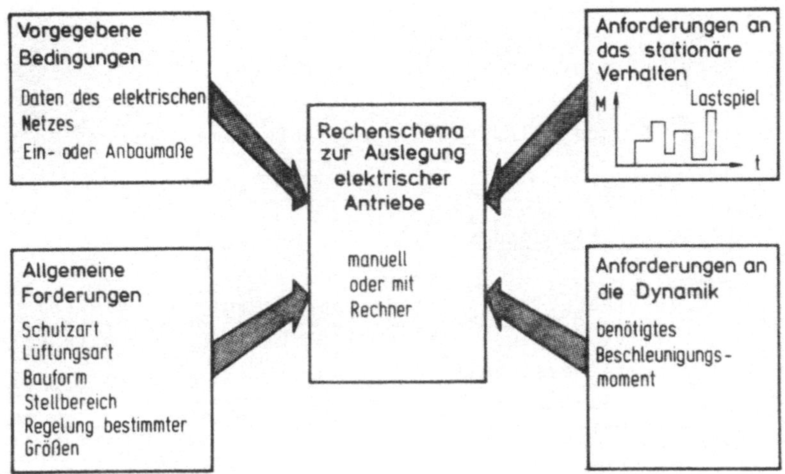

<u>Bild 5.1:</u> Einflußgrößen zur Auswahl elektrischer Antriebe.

Diese Erkenntnisse sind hier auf den speziellen Fall der Hauptspindelantriebsauswahl anzuwenden und gegebenenfalls zu modifizieren. Das Rechnermodell zur Auswahl der Vorschubantriebe / 25 / kann aus folgenden Gründen nicht übernommen werden:

- Bei Hauptantrieben ist der Feldschwächbereich zu berücksichtigen.

- Es liegt eine andere Regelstruktur vor (unterlagerte Stromregelung, vergl. Kap. 5.7.1).

- Aufgrund der Getriebeumschaltung können starke Schwankungen des Fremdträgheitsmoments auftreten, die eine entsprechende Reglereinstellung erfordern.

- Es werden andere Anforderungen an das Betriebsverhalten gestellt (Getriebeschonender Hochlauf, kein Überschwingen der Drehzahl beim Abbremsen wegen Werkzeugbruchs, Bevorzugung des Stör- vor dem Führungsverhalten).

- Die Leerlauf- und Lastverluste treten stärker in Erscheinung und sind schwieriger zu erfassen.

Aus diesen Gründen sind hier eigene Auswahlmethoden zu entwickeln.

5.1 Ablauf der Elementauswahl

Bild 5.2 zeigt eine Übersicht der Bauelemente des elektrischen Leistungsteils, die auszuwählen sind. Diese Bauelemente werden auch als Geräte bezeichnet.

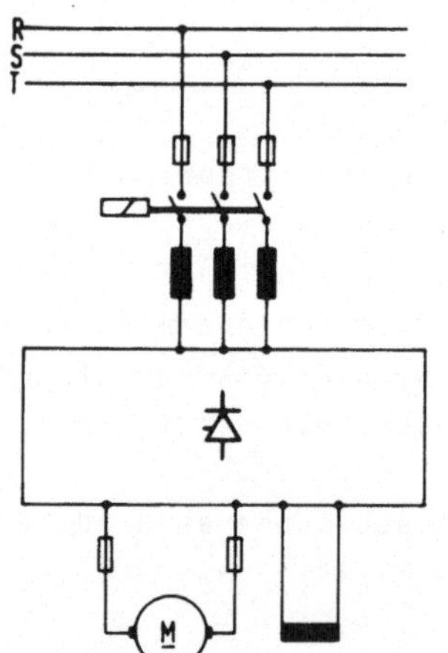

Bild 5.2: Übersicht über die auszuwählenden Bauelemente des elektrischen Leistungsteils

Die Auswahl des Hauptantriebs erfolgt nach einem Schema, das
folgende Punkte umfaßt:

- Festlegen einer dem Anwendungsfall entsprechende Stromrichterschaltung.

- Von der vorgegebenen Verfahrenskennlinie ausgehend ist
  unter Berücksichtigung der zu erwartenden Verluste eine
  geeignete Kombination Motor - Getriebe zu ermitteln.

- Dimensionierung des Stromrichters sowie gegebenenfalls
  des Transformators und der Drosseln.

- Prüfung des Gesamtverhaltens der festgelegten Antriebslösung.

Für diese Teilaufgaben sind anschließend Modelle zu entwickeln,
die einen rechnerunterstützten Ablauf ermöglichen.

5.1.1 Wahl der Stromrichterschaltung

Als Stellglied für die Motoren werden vorzugsweise Thyristor-
stromrichter eingesetzt. Ausgehend von ein- und dreiphasigen
Grundschaltungen (Brücken- und Mittelpunktschaltungen) wurden
Geräte entwickelt, die sich in Leistungsvermögen und Preis
wesentlich unterscheiden. Es ist die Aufgabe des Konstrukteurs,
sich auf eine bestimmte Schaltung festzulegen, da sich mit der
Schaltungsart eine bestimmte Nennausgangsgleichspannung des
Stromrichters ergibt / 39 /, an welche die Spannung des auszuwählenden Motors angepaßt sein muß.

Eine Eingrenzung der von der Industrie angebotenen Lösungs-
vielfalt wird erzielt, wenn den Forderungen des Bearbeitungsverfahrens die Merkmale der Schaltung bezüglich Betriebsbereich
und Drehzahlsteuerbarkeit gegenübergestellt werden, wie es
Bild 5.3 zeigt.

-60-

Gerätemäßige Realisierung / Anforderungen	Betriebsbereich im Quadrant				Drehzahlsteuerung stetig durch den Nullpunkt	
	I oder III	I und III	I und IV oder II und III	I bis IV	ja	nein
1 Gleichrichter in hEB,hEM-Schaltung	x					x
2 Gleichrichter wie 1. mit Schützumschaltung		x				x
3 steuerbare Stromrichter in EB,EM,DB,DM			x			x
4 steuerbare Stromrichter wie 3. mit Schützumschaltung				x		x
5 Umkehrstromrichter , kreisstromfrei				x		x
6 Umkehrstromrichter , kreisstrombehaftet				x	x	

hEB = halbgesteuerte   Einphasenbrückenschaltung

hEM =   "   Einphasenmittelpunktschaltung

 EB = Einphasenbrückenschaltung

 EM = Einphasenmittelpunktschaltung

 DB = Drehstrombrückenschaltung

 DM = Drehstrommittelpunktschaltung

Bild 5.3: Betriebsbereich und Drehzahlsteuerbarkeit verschiedener Stromrichterschaltungen

Die momentenlose Pause der Variante 5 nach Bild 5.3 beträgt 7 ms bis 20 ms. Bei der Schützumschaltung ist sie abhängig von der Zeitkonstanten des Anker- bzw. Feldkreises und liegt zwischen 150 ms und 1,5 s / 4o,41 /. Beim Einsatz kreisstrombehafteter Umkehrstromrichter tritt keine momentenlose Pause auf. Aus diesen Überlegungen wurde das in Bild 5.4 gezeigte Flußdiagramm zur Auswahl der Stromrichterschaltung abgeleitet.

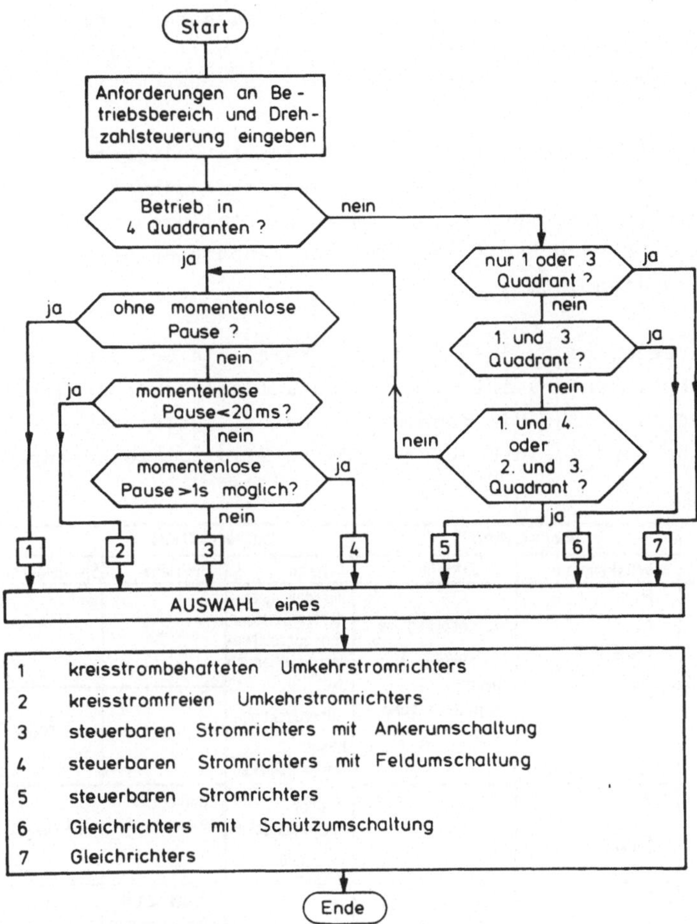

Bild 5.4: Flußdiagramm zur Auswahl der Stromrichterschaltung

5.1.2 Festlegung der Kombination Motor - Getriebe

Aus den im Arbeitskennfeld der Werkzeugmaschine vorgegebenen
Betriebspunkten errechnet man unter Berücksichtigung des Ma-
schinenwirkungsgrades die erforderliche Motorleistung. Da
der benötigte Bereich konstanter Leistung nur in Ausnahme-
fällen vom Feldstellbereich des Motors abgedeckt werden kann,

und bei kleinen Spindeldrehzahlen meist höhere Drehmomente
verlangt werden, als sie der Motor zur Verfügung stellt, ist
im Regelfall der Einsatz eines Getriebes vorzusehen.

Man beschränkt sich hier auf den Einsatz weitgestufter Getriebe, da die zwischen dem Getriebestufensprung liegenden
Drehzahlen durch die Motordrehzahlverstellung erzielt werden
können und sich damit die Zahl der benötigten Getriebestufen
klein halten läßt.

Je nachdem, ob bei der Antriebsauswahl ein Getriebe bereits
vorliegt, konstruiert oder als Zukaufteil erworben werden soll,
ergeben sich für die Kombination Motor - Getriebe verschiedene
Vorgabe- und Zielgrößen, wie sie in Bild 5.5 zusammengefaßt
sind.

Fall	vorgegeben		zu ermitteln		
	Arbeitskennfeld	Getriebe	Motor	Getriebe	Spindeldrehzahl
1	P n_k n_{max} φ_{Sp}	Stufensprung φ_G Stufenzahl k größte Teilübersetzung	mit der gefor- derten Leistung und ausreichen- dem Stellbereich	–	–
2	P n_k φ_{Sp}		a) bei Überdeckung b) mit Leistungslücken	–	n_{max}
3	P n_k (n_{max}) φ_{Sp}	–	c) ohne Leistungslücken der Schalt- stufen	käufliches Getriebe	(n_{max})
4	P n_k n_{max} φ_{Sp}	–		Stellbereich B_G eines zu kon- struierenden Getriebes	–

Bild 5.5: Vorgabe und Zielgrößen für die Festlegung der
Kombination Motor - Getriebe

Gestattet es die konstruktive Zielsetzung der Maschine, Abweichungen von den vorgegebenen Größen P_M, n_k und n_{max} zuzu-
lassen, ergibt sich im Arbeitskennfeld aus der Grenzkurve
unter Einbeziehung der Toleranzen ein Grenzbereich, der zu er-

füllen ist (Bild 5.6). Dadurch wird das Lösungsfeld erweitert und vermieden, daß aufgrund zu enger Vorgaben keine geeigneten Bauelemente gefunden werden.

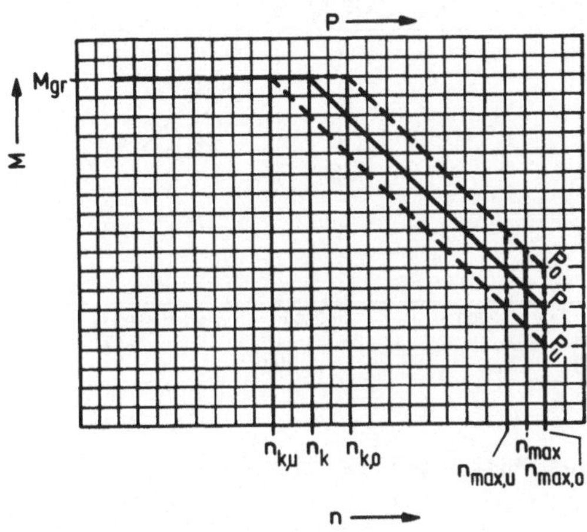

M_{gr} : Grenzmoment

n_k : Kenndrehzahl

n_{max} : maximale Drehzahl

P : Motorleistung

Index o,u : obere,untere zugelassene Abweichung

Bild 5.6: Vorgegebener Grenzbereich im Arbeitskennfeld

5.1.3 Auswahl des Motors und Ermittlung des Motorstellbereiches

Erster Schritt bei der Festlegung von Motor und Getriebe ist die Auswahl eines Motors aus dem Datenspeicher, dessen Ankerspannung zur gegebenen Stromrichterschaltung paßt und dessen Nennleistung P_N im geforderten Toleranzbereich liegt. Für diesen Motor wird durch Anker- und Feldsteuerung ein möglichst großer Stellbereich ermittelt, in dem die Leistung größer als die benötigte Mindestleistung ist. Diesen Ablauf zeigt Bild 5.7.

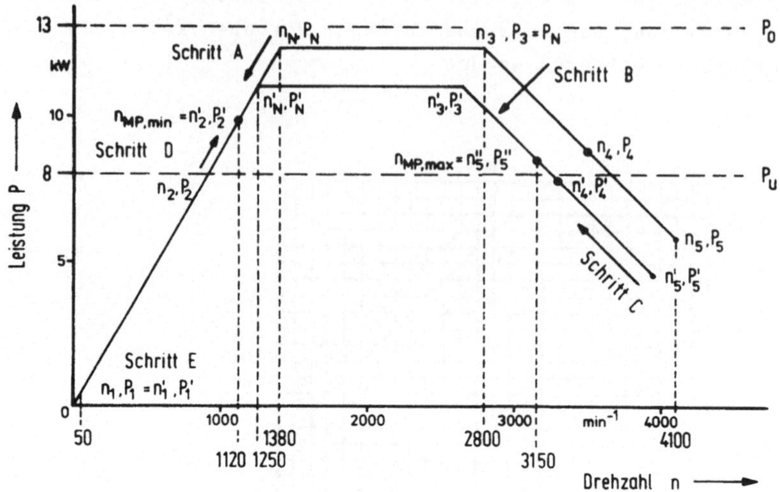

Bild 5.7: Ermittlung des Motorstellbereichs

Ausgehend von der Motornenndrehzahl n_N wird die nächst kleinere Normdrehzahl der dem Stufensprung entsprechenden Drehzahlreihe gesucht. Das entspricht einer Teilaussteuerung im Ankerstellbereich und damit einer entsprechenden Leistungsreduktion. Ist diese Leistung kleiner als die geforderte Mindestleistung P_M, ist der Motor nicht geeignet (Schritt A).

Entsprechend der gewählten Aussteuerung sind im Schritt B die Drehzahlen n_3 bis n_5 und die zugehörigen Leistungen anzupassen (n_3' bis n_5' und P_3' bis P_5').

Im Schritt C wird n_5' entlang der linearisierten Kommutierungsgrenzkurve so lange verkleinert, bis die entsprechende Leistung größer als P_u ist. Die zugehörige Normdrehzahl wird berechnet ($n_{MP,max} = n_5''$, P_5'').

Die Drehzahl im Ankerstellbereich, die zur Leistung $P_{M,n}$ gehört, ist festzustellen und im Schritt D der nächstgrößeren

Normdrehzahl anzupassen (P_2', $n_2' = n_{MP,min}$).

Schließlich wird die bei der kleinsten Motordrehzahl liegende Normdrehzahl ermittelt (n_1', P_1') (Schritt E).

Damit ist der Stellbereich eines geeigneten Motors bekannt. Die geforderte Mindestleistung steht von der Drehzahl $n_{MP,min}$ bis zur Drehzahl $n_{MP,max}$ zur Verfügung.

5.1.4 Eignungsprüfung der Getriebe und Festlegung des Gesamtstellbereichs

Für jeden der bisher geeigneten Motoren ist anschließend zu prüfen, ob bei einem gegebenen Getriebe der gewünschte Spindelstellbereich erreicht werden kann oder welcher gegebenenfalls zu erzielen ist (Fall 1 und Fall 2 Bild 5.5).

Liegt das Getriebe noch nicht vor, ist ein käufliches Getriebe auszuwählen oder der Stellbereich eines zu konstruierenden Getriebes vorzugeben (Fall 3 und Fall 4 Bild 5.5).

Fall 1 und Fall 2

Beim Einsatz der GNM wird praktisch das Grundgetriebe eines konventionellen geometrisch gestuften Hauptantriebs ersetzt / 42 /. Somit ist zu untersuchen, unter welchen Voraussetzungen der Feldstellbereich des Motors die Funktionen des Grundgetriebes übernehmen kann. Da die festgelegten Spindeldrehzahlen n_k und n_{max} Potenzen des Spindelstufensprungs φ_{Sp} sind, ist auch ihr Quotient eine ganzzahlige Potenz von φ_{Sp},

$$\frac{n_{max}}{n_k} = \varphi_{Sp}^{X_{Sp}} \, , \qquad (5.1)$$

wobei X_{Sp} der Stufensprungexponent der Spindel für den Bereich konstanter Leistung ist.

Ebenso sind die ermittelten Motordrehzahlen $n_{MP,max}$ und $n_{MP,min}$ Potenzen von φ_{Sp},

$$\frac{n_{MP,max}}{n_{MP,min}} = \varphi_{Sp}^{X_{MP}} \, , \qquad (5.2)$$

wobei X_{MP} der Stufensprungexponent des Motors im Bereich konstanter Leistung ist.

Bei einem gegebenen Getriebe ist die Stufenzahl k sowie der Stufensprung φ_G bekannt.
Für den Stellbereich B_G des Getriebes gilt:

$$B_G = \varphi_G^{(k-1)} = \varphi_{Sp}^{X_G} \, , \quad (5.3)$$

wobei X_G der Stufensprungexponent der Spindel im ganzen Getriebestellbereich ist.

Für einen möglichen Einsatz des Motors muß dann gelten:

$$X_{MP} \geqq X_{Sp} - X_G \, . \qquad (5.4)$$

Die Zusatzbedingung, daß keine Leistungslücken auftreten, ist erfüllt, wenn gilt:

$$X_{MP} \geqq \frac{X_G}{(k-1)} \, . \qquad (5.5)$$

Sind bei den Vorgabewerten (Bild 5.6) Abweichungen von der Spindelkenndrehzahl n_k und der maximalen Spindeldrehzahl n_{max} nach oben oder unten zugelassen, so errechnet sich der maximale bzw. minimale Spindelstufensprungexponent $X_{Sp,max}$ bzw. $X_{Sp,min}$ nach Gleichung 5.1 zu:

$$X_{Sp,max} = \frac{\log\,(n_{max,u}/n_{k,o})}{\log\,\varphi_{Sp}} \, . \quad (5.6)$$

$$X_{Sp,min} = \frac{\log\,(n_{max,o}/n_{k,u})}{\log\,\varphi_{Sp}} \, . \quad (5.7)$$

Der Motor ist geeignet, wenn

$$X_{Sp,min} - X_G \leq X_{MP} \leq X_{Sp,max} - X_G \qquad (5.8)$$

erfüllt ist.

Soll im Fall 2 die maximale Spindeldrehzahl n_{max} und der Stellbereich konstanter Leistung B_{SpP} für die ausgewählte Motor - Getriebe - Kombination errechnet werden, ergibt sich aus Gleichung 5.1 mit Gleichung 5.4:

$$B_{SpP} = \frac{n_{max}}{n_k} = \varphi_{Sp}^{(X_{MP} + X_G)} \qquad (5.9)$$

Fall 3 und Fall 4

Liegt das Getriebe noch nicht vor, stellt sich die Frage, welche Bedingungen ein Getriebe, das als Zukaufteil erworben oder konstruiert werden soll, erfüllen muß. Läßt man auch hier einen Toleranzbereich zu, so daß X_{Sp} zwischen $X_{Sp,min}$ und $X_{Sp,max}$ liegt, ergibt sich für X_G:

$$X_{Sp,min} - X_{MP} \leq X_G \leq X_{Sp,max} - X_{MP} \ . \qquad (5.10)$$

Bei einem käuflichen Getriebe vorgegebener Baugröße liegt die Stufenzahl k und der maximale Stufensprung φ_G fest.

Für jedes im Datenspeicher erfaßte Getriebe, das hinsichtlich der konstruktiven Ausführung (Antriebsleistung P_G bei der Drehzahl n_G für Dauerbetrieb, maximale Abtriebsdrehzahl) den Anforderungen entspricht, ist zu prüfen, ob Gleichung 5.10 erfüllt ist. Dabei errechnet sich X_G zu:

$$X_G = (k-1) \cdot \frac{\log \varphi_G}{\log \varphi_{Sp}} \ . \qquad (5.11)$$

Weiterhin muß die Gleichung 5.5 erfüllt sein, wenn keine Leistungslücken zugelassen sind.

Ist ein Getriebe zu konstruieren, liegt der geforderte Stellbereich B_G nach Gleichung 5.3 fest, wobei sich X_G aus Gleichung 5.10 ergibt.

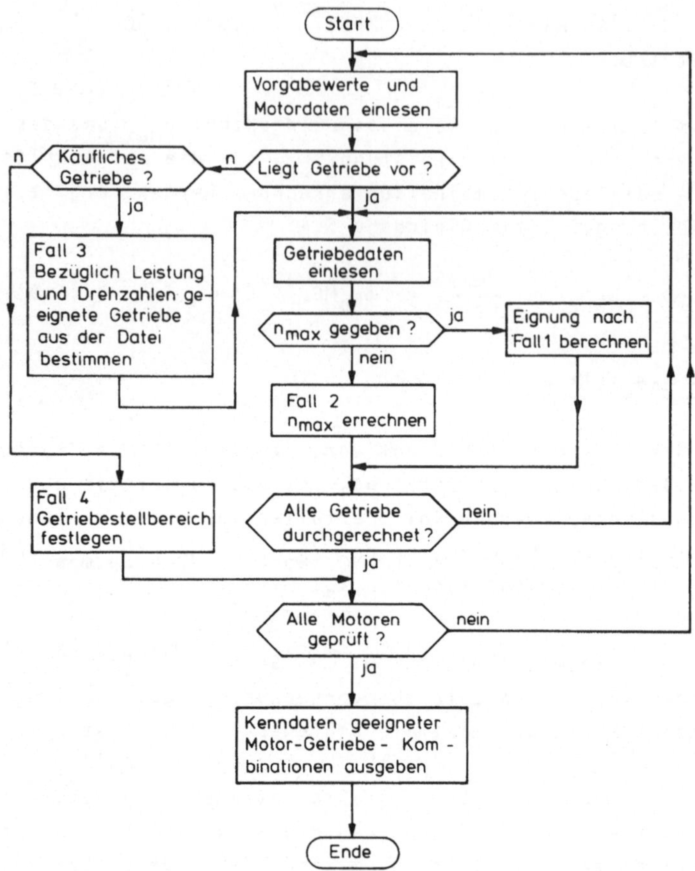

Bild 5.8: Gesamtablauf zur Festlegung von Motor und Getriebe

Der Freiheitsgrad des Konstrukteurs bei der Wahl des Stufensprungs ist eingegrenzt durch die Beziehung

$$\varphi_G = \varphi_{Sp}^{X_{MP}} \quad , \qquad (5.12)$$

wenn man keine Leistungslücken wünscht.

Den Gesamtablauf zur Festlegung von Motor und Getriebe zeigt Bild 5.8.

5.1.5 Auswahl des Stromrichters, Anpassung ans Netz

Bei der Auswahl eines Stromrichters ist zu beachten, daß der
vom Hersteller festgelegte Gerätegrenzstrom I_{dN} nicht über-
schritten werden kann. Demnach ist der Stromrichter so zu bemessen, daß er einerseits alle betriebsmäßigen Überlastungen
des Motors deckt / 35 /, andererseits soll er aus Kostengrün-
den nicht überdimensioniert sein.

Ist I_{AN} der Motorankernennstrom und $I_{A,max}$ der für kurzzeitige
Überlastungen zugelassene Ankermaximalstrom, so ist I_{dN} zunächst so zu wählen, daß gilt:

$$I_{dN} \geqq I_{A,max}$$

Da die Stromrichter bezüglich I_{dN} recht grob gestuft angeboten
werden, ist anschließend zu prüfen, ob auch mit einem klei-
neren Typ die Anforderungen des Antriebs zu erfüllen sind.

Die je nach Schaltung benötigten Kreisstrom-, Kommutierungs-
und Glättungsdrosseln, sowie Stromrichtertransformatoren werden von den Geräteherstellern meist mit angeboten. Wenn nicht,
sind sie nach den Formeln zu bemessen, wie sie in Bild 5.9 zu-
sammengestellt sind / 35 /.

5.2 Prüfung des Betriebsverhaltens

Die Auswahl der Antriebselemente erfolgt bisher unter den Gesichtspunkten des stationären Betriebs. Daneben ist zu prüfen,
ob Forderungen an die Dynamik des Antriebs (Hochlauf- und
Abbremszeiten, zugelassene Drehzahleinbrüche bei Laststößen)
erfüllt werden und ob Betriebszustände auftreten können, die
zu einer thermischen Überlastung des Motors führen.

Hierzu ist ein Rechenmodell zu entwerfen, das bei den vor-
liegenden Daten der Bauelemente gestattet, das Betriebsverhalten des Antriebs mit hinreichender Genauigkeit zu ermitteln.

Gerät	zu bestimmende Größe	Formel	Konstante	Wert der Konstanten bei DM	DB
Transformator	Leistung	$P_{Tr}=K_{Tr} \cdot U_{Di} \cdot I_D$	$K_{Tr} =$	1,35	1,05
Glättungsdrossel	Induktivität bemessen auf Lücken	$L_{DL}=K_{LK} \cdot \dfrac{U_{Di}}{K_{lm} \cdot I_{DN}}$	$K_{LK} =$	1,25	0,30
	Induktivität bemessen auf Welligkeit	$L_{DW}=K_W \cdot \dfrac{U_{Di}}{K_{wm} \cdot I_{DN}}$	$K_W =$	0,58	0,13
	Typenleistung	$P_D=1{,}57 \cdot \sqrt{\dfrac{L_{DN}}{L_{DO}}} \cdot I_{DN}^2 \cdot L_{DO}$		$L_{DO} = L_{DL} - L_M$ $L_{DN} = L_{DW} - L_M$	
Kommutierungs-drossel	Kommutierungs-reaktanz	$X_K=K_K \cdot u_{KT} \cdot \dfrac{U_{Di}}{I_{DN}}$	$K_K =$	1,05	0,52
	bezogener Kommutierungsspannungsabfall	$d_{XN} = \dfrac{K_X}{2} \cdot u_{KT}$	$\dfrac{K_X}{2} =$	$\dfrac{\sqrt{3}}{2}$	0,5
	Typenleistung	$P_{KD}=K_{KD} \cdot u_{KT} \cdot U_{Di} \cdot I_{DN}$	$K_{KD} =$	0,70	0,35

Bild 5.9: Formeln und Konstanten zur Bemessung von Drosseln
und Transformatoren

Ausgehend vom drehzahlgeregelten Gleichstromnebenschlußmotor
mit unterlagerter Stromregelung und konstantem Erregerfeld
werden für den Einsatz an Werkzeugmaschinen geeignete Regler-
einstellungen ermittelt. Besonderer Beachtung muß hier der
Tatsache zugemessen werden, daß durch die Getriebeumschaltung
eine Regelstrecke mit veränderlichen Parametern vorliegt. Daneben sind Möglichkeiten zu prüfen, die Betriebsverluste der
Werkzeugmaschine hinsichtlich ihrer Wirkung auf den Antrieb
zu erfassen. Schließlich ist ein geeignetes Rechenmodell des
Motors mit variablem Feld bereitzustellen.

5.2.1 Das regelungstechnische Modell des Gleichstromneben-
schlußmotors mit unterlagerter Stromregelung

5.2.1.1 Ankerstellbereich

Bild 5.10 zeigt das Blockschaltbild des geregelten Motors

einschließlich der Rückführung der induzierten Spannung e_M.
Sowohl der Drehzahl- als auch der Stromregler sind der Praxis
entsprechend als PI-Regler beschaltet.

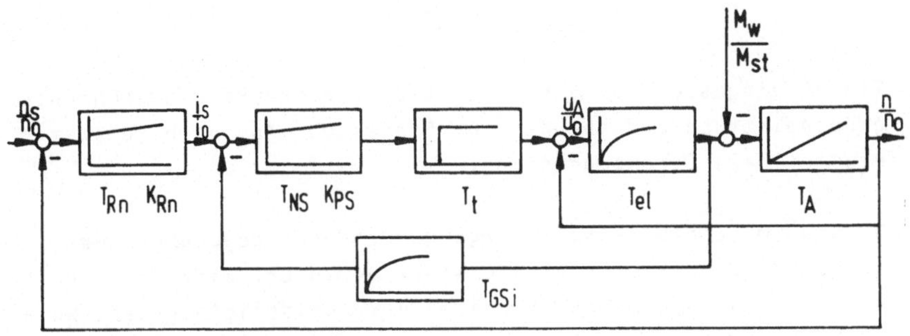

<u>Bild 5.10</u>: Blockschaltbild des drehzahl- und stromgeregelten
Gleichstromnebenschlußmotors

Nach / 37 / ist der Stromregelkreis auf optimales Störverhalten auszulegen, wobei für die Reglereinstellung zu wählen ist:

$$T_{NS} = K_1 \cdot 4 (T_t + T_{GSi}) , \qquad (5.13)$$

$$K_{PS} = K_2 \cdot 0,5 \left(\frac{T_{el}}{T_t + T_{GSi}} \cdot \frac{1}{K_A K_V} \right) . \quad (5.14)$$

Hierin sind:

$$T_t \approx \frac{10}{p} , \quad T_{GSi} \approx T_t , \quad T_{el} = \frac{\sum L_A}{\sum R_A} ,$$

$$K_A = \frac{U_{AN}}{I_{AN} \cdot R_A} , \quad K_V = \frac{\Delta \alpha}{\alpha_1 - \alpha_2} ,$$

$$\Delta \alpha \approx 160° , \quad \alpha_1 = 90° , \quad \alpha_2 = arc \cos \left(\frac{U_{AN}}{U_{di}} \right) .$$

K_1 und K_2 sind abhängig vom Verhältnis T_{el} / $(T_t + T_{GSi})$ und
können entsprechend Gleichung 5.15 und Gleichung 5.16 angenähert werden:

$$K_1 = 0,43 \left(\frac{T_{el}}{T_t + T_{GSi}} \right)^{0,2} \quad , \quad (5.15)$$

$$K_2 = 1,54 \left(\frac{T_{el}}{T_t + T_{GSi}} \right)^{-0,1} \quad . \quad (5.16)$$

Ein so eingestellter Stromregelkreis erfordert eine Führungs-
größenglättung und enthält zum Schutz der Anlage eine stetig
einstellbare Strombegrenzung.

Da die EMK-Schleife bei Übergangsvorgängen gegenüber der
schnellen Stromregelschleife stark verzögert wirksam wird,
kann sie für dynamische Vorgänge vernachlässigt werden. Weiterhin kann der geschlossene Stromregelkreis durch ein Ver-
zögerungsglied 1. Ordnung angenähert werden, für dessen Zeitkonstante T_S nach / 37 / generell gesetzt werden kann:

$$T_S \approx 10 \text{ ms} \quad ,$$

wenn als Stromrichter eine 6-pulsige Drehstrombrücke eingesetzt wird.

Damit ergibt sich für den Drehzahlregelkreis eine Struktur wie
sie in Bild 5.11 dargestellt ist.

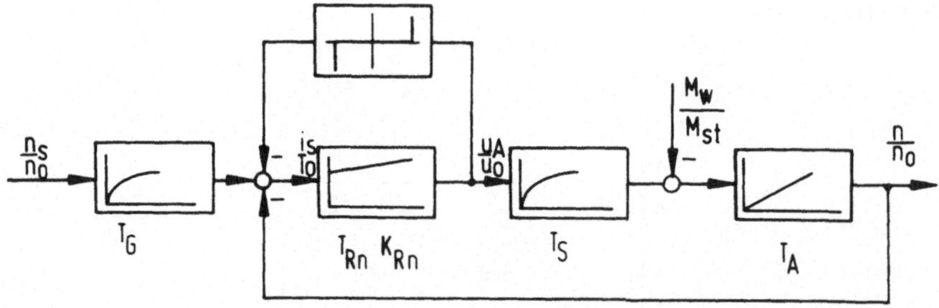

Bild 5.11: Struktur des Drehzahlregelkreises mit Glättungsglied und Strombegrenzung

Der Drehzahlregelkreis wird ebenfalls auf gutes Störverhalten
eingestellt. Eine Stabilisierung nach dem "symmetrischen Opti-
mum" ergibt:

$$K_{Rn} = \frac{1}{2} \cdot \frac{T_A}{T_S} \quad , \tag{5.17}$$

$$\text{mit} \quad T_{Rn} = 4 \cdot T_S \quad . \tag{5.18}$$

Um ein überschwingfreies Führungsverhalten zu erzielen, wird
dem Drehzahlregler ein Glättungsglied oder ein meist stufenlos umschaltbarer Hochlaufgeber vorgeschaltet. Zudem wird der
Stromsollwert zum Schutz der Anlage begrenzt (vergl. Bild
5.11).

Die in Gleichung 5.17 benötigte mechanische Zeitkonstante
des Antriebs T_A ergibt sich zu

$$T_A = \frac{2\pi n_{o,max} \cdot J_g}{M_{st,max}} \tag{5.19}$$

$$\text{mit} \quad J_g = J_M + J_f \quad . \tag{5.20}$$

5.2.1.2 Anker- und Feldstellbereich

Zum Betrieb des Motors über die Nenndrehzahl hinaus hat sich
in der Antriebstechnik eine Schaltung durchgesetzt, bei der
die Feldschwächung dann einsetzt, wenn die Motor-EMK einen
vorgegebenen Maximalwert überschreitet / 35,36 / (Bild 5.12).
Die Schwierigkeit bei der Nachbildung der oben gezeigten
Struktur liegt darin, daß der Verlauf der nichtlinearen Erre-
gerkennlinie meist nicht vorliegt. Eine realistische Verein-
fachung läßt sich dadurch erzielen, daß bei einem genügend
großen Spannungshub des Feldstromrichters der EMK-Regelkreis
so schnell wird, daß hinsichtlich des Stromregelkreises von
einer konstanten induzierten Spannung e ausgegangen werden
kann / 36 /. Somit ergibt sich das angenäherte Ersatzschaltbild, bei dem die Wirkung des veränderlichen Erregerflusses

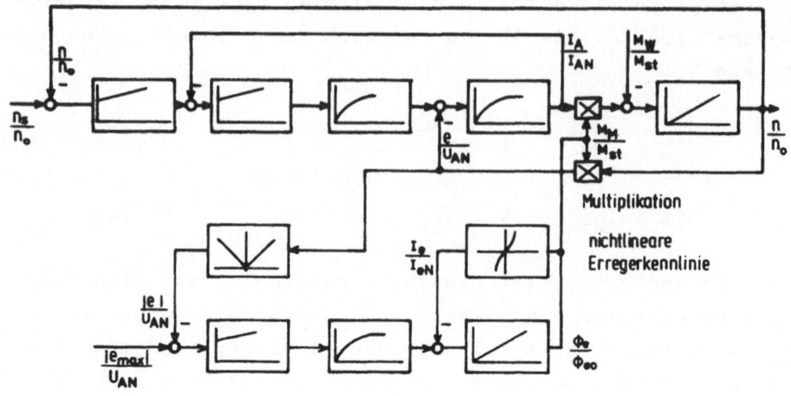

Bild 5.12: Blockschaltbild des drehzahlgeregelten Motors
für Betrieb im Anker- und Feldstellbereich

auf das Drehmoment durch die Beziehung

$$\frac{\Phi_e}{\Phi_{eo}} \;=\; \left(\frac{n}{n_0}\right)^{-1} \quad \text{für} \quad \left|\frac{n}{n_0}\right| \;\geqq\; 1 \qquad (5.21)$$

beschrieben wird (Bild 5.13).

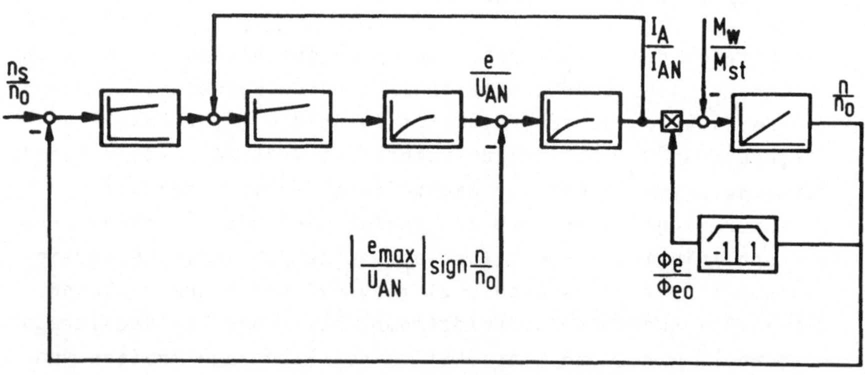

Bild 5.13: Ersatzschaltbild des drehzahlgeregelten Motors
für den Betrieb im Anker- und Feldstellbereich/ 36 /

Mit der im Feldschwächbereich erforderlichen Erregung $\Phi_e < 1$
ist, bedingt durch das Multiplikationsglied $M_M = \Phi_e \cdot I_A$,
ein Verlust an Verstärkung im Drehzahlregelkreis verbunden.
Um diesen auszugleichen, werden adaptive Regler eingesetzt,
deren Verhalten bei der Modellbildung dadurch berücksichtigt
wird, daß die Verstärkung K_{Rn} des Drehzahlreglers nach der
Beziehung

$$K_{Rn} = \frac{1}{\Phi_e}$$

nachgeführt wird.

5.3 Reglereinstellung bei schwankendem Fremdträgheitsmoment

Für die Antriebsauslegung ist die Kenntnis des Fremdträgheitsmomentes von Bedeutung, da es einerseits in die mechanische
Zeitkonstante T_A eingeht, die nach Gleichung 5.17 zur Reglereinstellung herangezogen wird, und andererseits das erforderliche Beschleunigungsmoment mitbestimmt:

$$M_b = (J_M + J_f) \frac{d\omega}{dt} \cdot \qquad (5.22)$$

Die Prolematik bei Hauptantrieben liegt nun darin, daß J_f eine
Funktion der jeweiligen Getriebestellung ist und somit kein
konstanter Wert über den gesamten Betriebsbereich vorliegt.
Zusätzlich beeinflußt wird das wirkende Trägheitsmoment durch
Verwendung verschiedener Werkzeuge, Planscheiben oder Spann-
mittel oder durch Bearbeitung unterschiedlicher Werkstücke.

Anhand ausgeführter Getriebe soll deshalb abgeschätzt werden,
in welchen Bereichen das wirkende Trägheitsmoment bei Getriebeumschaltung schwankt, um daraus Konsequenzen für die Reglereinstellung abzuleiten.

5.3.1 Bereich des Fremdträgheitsmomentes ausgeführter Ge- triebe

Die durch Messung und zusätzliche Kontrollrechnung ermittel-

ten minimalen und maximalen Trägheitsmomente verschiedener
Werkzeugmaschinen zeigt Bild 5.14. Sie wurden durch Angaben
nach / 38 / ergänzt. Es zeigt sich, daß die am Motor wirkenden
Fremdträgheitsmomente in weitem Bereich schwanken können, wo-
bei die großen Trägheitsmomente dann wirksam werden, wenn die
Getriebestellung für hohe Spindeldrehzahlen vorgesehen ist,
woraus sich relativ lange Hochlaufzeiten auf die maximalen
Drehzahlen ergeben.

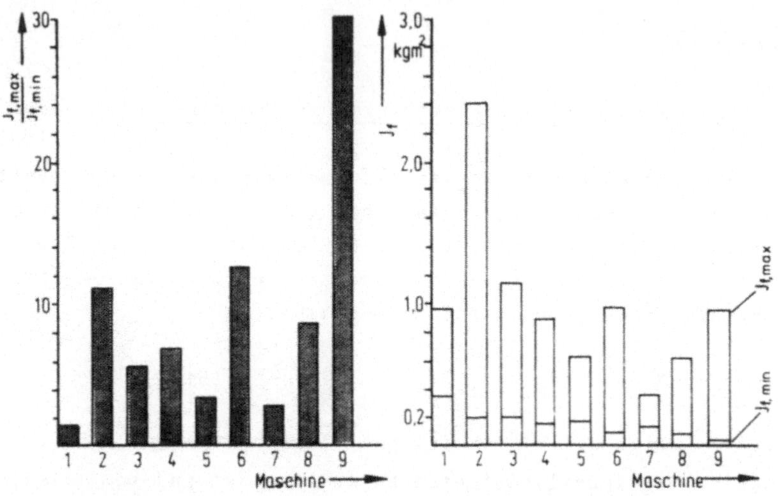

Bild 5.14: Bereich des schwankenden Fremdträgheitsmomentes
ausgeführter Werkzeugmaschinen, sowie minimale und
maximale Fremdträgheitsmomente, bezogen auf die
Motorwelle

Für den bei der Antriebsauslegung zu beachtenden Schwankungsbereich B_S gilt dann, wenn $J_{g,max}$ das größte und $J_{g,min}$ das
kleinste Gesamtträgheitsmoment ist:

$$B_S = \frac{J_{g,max}}{J_{g,min}} = \frac{J_M + J_{f,max}}{J_M + J_{f,min}} \quad . \qquad (5.23)$$

Normiert auf $J_{f,min}$ ergibt sich ein Verlauf nach Bild 5.15,
der zeigt, daß durch ein großes Motorträgheitsmoment der Ein-

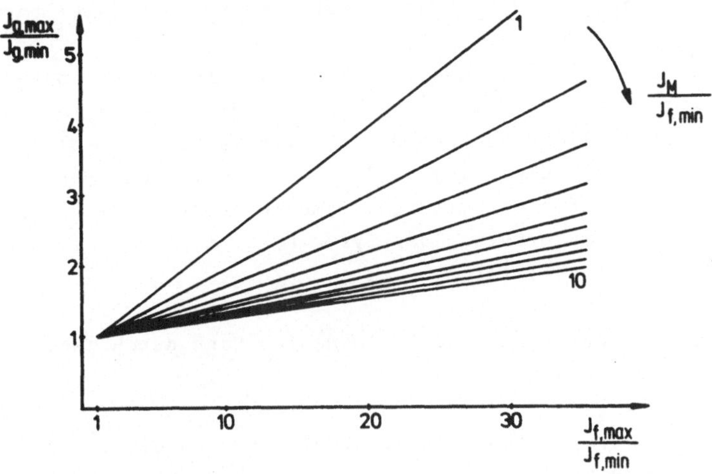

Bild 5.15: Schwankungsbereich B_S des Gesamtträgheitsmomentes als Funktion von $J_{f,max} / J_{f,min}$ und $J_M / J_{f,min}$

fluß der Getriebeumschaltung klein gehalten werden kann. Eine Abschätzung des Trägheitsmomentes von Gleichstrommotoren verschiedener Hersteller ermöglicht Bild 5.16.

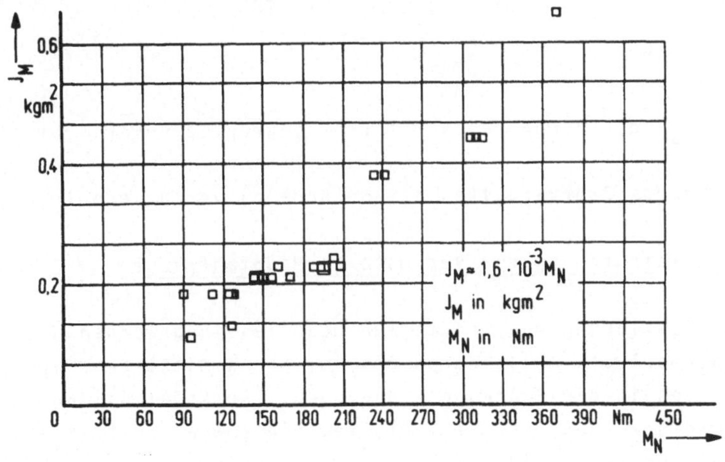

Bild 5.16: Motorträgheitsmomente als Funktion des Nennmomentes

5.3.2 Bemessung des Glättungsgliedes und Reglereinstellung

Die Simulation des Führungsverhaltens von Antrieben, denen eine Struktur nach Bild 5.11 zugrunde gelegt wurde, zeigt, daß für die Einstellung der Proportionalverstärkung K_{Rn} des Drehzahlreglers nach Gleichung 5.17 für die Bestimmung von T_A immer das kleinste Gesamtträgheitsmoment heranzuziehen ist. Durch die Strombegrenzung der Systeme führt eine Fehlanpassung schnell zu Instabilität.

Die Änderung des Fremdträgheitsmomentes kann durch zweierlei Maßnahmen berücksichtigt werden:

a) T_{Rn} wird gegenüber der Einstellung nach Gleichung 5.18 entsprechend dem Schwankungsbereich B_S vergrößert.

b) T_{Rn} wird nach Gleichung 5.18 gewählt und das Glättungsglied T_G nach dem maximalen Trägheitsmoment bemessen. Aus der Simulation wurde für T_G eine Dimensionierung nach Gleichung 5.24 ermittelt:

$$T_G = T_{Rn} \left(\frac{0,22 \, \frac{n_S}{n_0} \cdot \frac{T_A}{T_S}}{\frac{I_{A,gr}}{I_{AN}}} \right)^{1,15} , \qquad (5,24)$$

wobei $I_{A,gr}$ der durch den Verstärker begrenzte Ankerstrom ist.

Für ein gutes Störverhalten ist Methode b) vorzuziehen.

5.4 Berücksichtigung der Verluste an Hauptantrieben

Bei der Festlegung der benötigten Motorleistung werden die Maschinenverluste meist durch Annahme eines mittleren Wirkungsgrades in die Rechnung einbezogen. Zur Modellbildung muß nun geprüft werden, ob die Verluste, die sowohl drehzahl- als auch lastabhängig sind, genauer erfaßt werden können.

5.4.1 Die Leerlaufverluste

Für das Hochlaufverhalten des Antriebs sind die Leerlaufverluste bestimmend, die als Reibmoment M_R in die Gleichung 5.25 eingehen:

$$M_M = M_b + M_R \ . \qquad (5.25)$$

Untersuchungen an konventionellen Werkzeugmaschinen mit vielstufigen Getrieben haben gezeigt, daß für M_R ein prinzipieller Verlauf nach Gleichung 5.26 anzusetzen ist, der ab einer Grunddrehzahl, bei der das Losbrechmoment überwunden ist, gilt / 41 /:

$$M_R = a_1 \, n^{c_1} \ . \qquad (5.26)$$

Um Vergleichswerte für NC-Maschinen zu erhalten, wurden die Messungen der Leerlaufverluste an sechs Hochleistungs-Drehmaschinen ausgewertet. Bild 5.17 zeigt die aufgenommene Motorleistung als Funktion der Spindeldrehzahl für die verschiedenen Maschinen, wobei jeweils die Getriebestellung gewählt wurde, die die höchsten Drehzahlen ermöglicht. In Bild 5.19 sind die Verluste für eine Maschine und verschiedene Getriebestufen dargestellt. Bild 5.18 und Bild 5.20 zeigen den zugehörigen Verlauf des Reibmomentes, der aus der Messung der Verlustleistung unter Berücksichtigung des Motorwirkungsgrades ermittelt wurde.

Die Messungen ergeben, daß die Größen a_1 und c_1 in Gleichung 5.26 von der konstruktiven Gestaltung der Maschine, der Länge der Energieleitungswege vom Motor bis zur Spindel sowie von der Montagegenauigkeit abhängen. Obgleich der Anstiegswert c_1 des Reibmomentes über der Drehzahl für Maschinen des gleichen konstruktiven Konzeptes in einem engen Bereich liegt (Maschinen 1 bis 4 in Bild 5.20), streut der Proportionalfaktor a_1 so stark, daß für eine genaue Aussage über den Verlauf der Reibung eine Messung unumgänglich ist. Da bei großen Drehzahlen der Verlustanteil der Spindellagerung 60 % der Gesamtleerlaufverluste beträgt, ist eine Messung der Getriebestel-

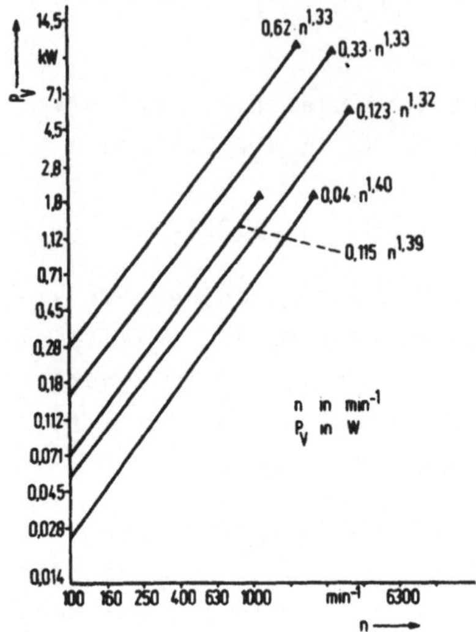

Bild 5.17: Leerlaufverluste versch. NC-Drehmaschinen

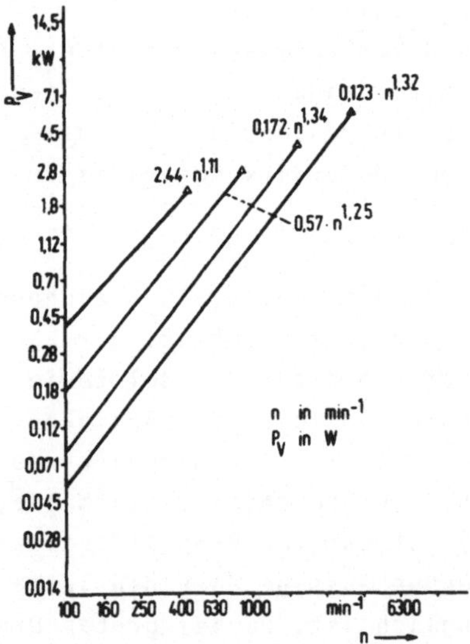

Bild 5.19: Leerlaufverluste einer NC-Drehmaschine bei vier Getriebestufen

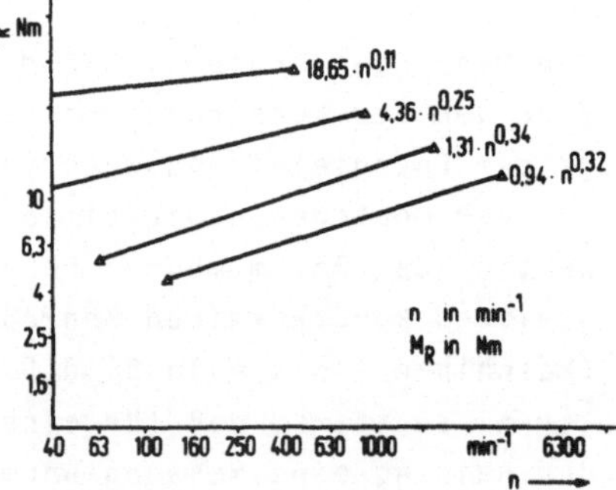

Bild 5.18: Reibmomente verschiedener NC-Drehmaschinen

Bild 5.20: Reibmomente einer NC-Drehmaschine bei vier Getriebestufen

lung hinreichend, welche die maximale Spindeldrehzahl ergibt.

5.4.2 Die Lastabhängigkeit der Verluste

Wird ein Antrieb bei konstanter Spindeldrehzahl belastet, ergibt sich eine Abhängigkeit der aufgenommenen Motorleistung
nach Gleichung 5.27:

$$P_{M,auf} = P_{V1} + mP_S \quad . \tag{5.27}$$

Untersuchungen an zahlreichen Maschinen / 38 / haben gezeigt,
daß sich für die Steigung der Kennlinie m = tan (50° $\pm$ 1°) ergibt. Die lastabhängigen Leistungsverluste sind damit

$$P_{VL} = (1 - \frac{1}{m}) \cdot (P_{M,auf} - P_{V1}) \quad . \tag{5.28}$$

5.5 Zusammenfassung

Mit der Festlegung des Auswahlablaufes, sowie der Bereitstellung von Rechenmodellen zur Nachbildung des Betriebsverhaltens
sind die Voraussetzungen zur Realisierung eines Programm-
moduls geschaffen.

Es zeigt sich, daß für die Einstellung der Reglerparameter das
Fremdträgheitsmoment und der mögliche Schwankungsereich bekannt sein müssen. Die genaue Berücksichtigung des Verlustmo-
mentes erfordert eine Messung.

6   Datenorganisation

Die Leistungsfähigkeit des Informationssystems wird wesentlich bestimmt von der Organisation und Struktur des Datenbestandes, auf den sowohl die Berechnungsprogramme während des Auswahlablaufes als auch der Konstrukteur bei einer Anfrage zugreifen. Deshalb sind hier Möglichkeiten zu prüfen, die eine schnelle und eindeutige Rückgewinnung der gespeicherten Informationen, sowie einen einfachen Änderungsdienst gewährleisten.

6.1 Struktur des Ordnungssystems

Der Aufbau des Ordnungssystems muß der Art und Weise entsprechen, in der auf ein Antriebselement zugegriffen wird. Diese Auswahl erfolgt erstens nach der zu erfüllenden Funktion. Zweitens nach Kriterien, die sich aus den Anforderungen an das Gesamtsystem ergeben und die drittens durch funktionale Abhängigkeiten der Elemente untereinander bestimmt sind. Bild 6.1 zeigt dies am Beispiel der Drehmomenterzeugung.

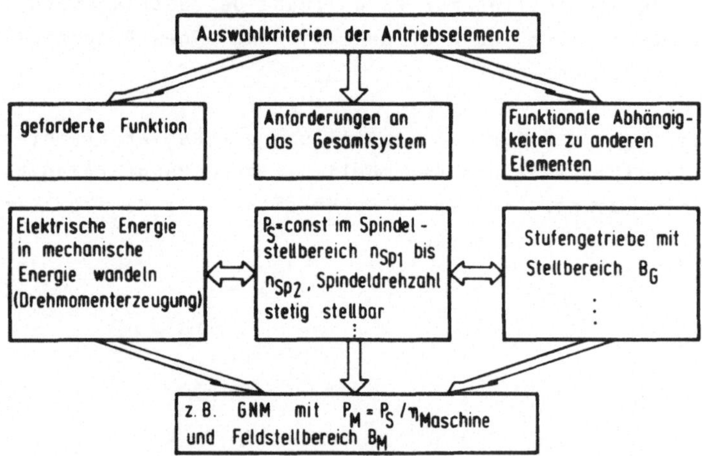

<u>Bild 6.1</u>: Abhängigkeit der Elementauswahl, gezeigt am Beispiel der Drehmomenterzeugung

Das bedeutet, daß ein Ordnungssystem einzusetzen ist, das eine
Einteilung der Elemente und gegebenenfalls eine Untergliederung entsprechend ihrer Funktion zuläßt, und daneben eine Beschreibung der jeweiligen Anforderungen und Abhängigkeiten ermöglicht. In / 4,43 / sind verschiedene Ordnungssysteme dargestellt und ihre Vor- und Nachteile hinsichtlich der EDV-Anwen-
dung herausgearbeitet. Demnach eignet sich zur Erfüllung der
oben definierten Forderungen ein teilhierarchisches System,
das neben dem hierarchischen Teil in Form einer Gruppenbildung
einen zweiten Teil umfaßt, der den Zugriff auf die Information
über bestimmte, vorab zu vereinbarende Merkmale, auch als Deskriptoren bezeichnet, zuläßt (Bild 6.2).

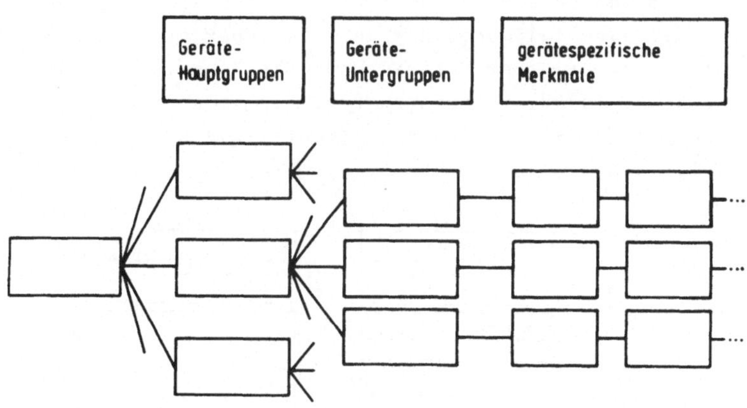

<u>Bild 6.2:</u> Struktur des Ordnungssystems

Zur Realisierung eines solchen Systems sind zunächst die abzuspeichernden Bauelemente einzuteilen und anschließend geeignete charakteristische Merkmale für die Speicherung und das
Suchen abzuleiten.

6.1.1 Festlegung der Hauptgruppe der elektrischen Bauelemente

Unter einem elektrischen Bauelement der Antriebstechnik soll
hier unter dem Gesichtspunkt der Speicherung in einer Datenbank ein Gerät verstanden werden, das der Konstrukteur als ei-
genständiges Zukaufteil zur Erfüllung einer bestimmten Funktion im Rahmen der Antriebsaufgabe an Werkzeugmaschinen auszuwählen hat. Das bedeutet, daß Bauteile, die üblicherweise inte-
grierte Bestandteile eines Gerätes sind, wie z.B. die Regler
im Verstärker, oder die wahlweise als Zubehör zu einem Gerät
bestellt werden können, wie die Haltebremse für einen Motor,
nicht zur Gruppenbildung heranzuziehen sind.

Unter diesem Gesichtspunkt kommt hier eine Einteilung zur Anwendung, die eine Teilmenge der in / 44 / definierten Gerätearten bildet, wobei aber Motoren und Transformatoren, die dort
in einer Gruppe sind, getrennt werden. Somit ergibt sich die
Hauptgruppe der elektrischen Bauelemente, wie sie in Bild 6.3
dargestellt ist.

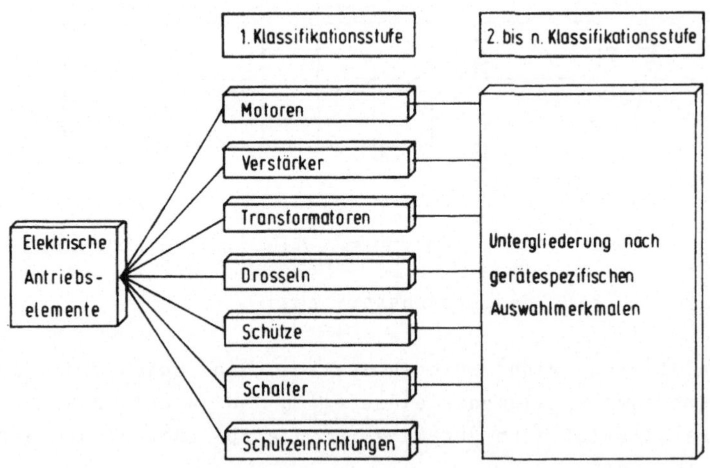

Bild 6.3: Hauptgruppe der elektrischen Bauelemente

Für jede dieser Gerätearten muß nun eine weitere Untergliederung ermittelt werden. Die dabei auftretende Problematik wird
am Beispiel der Schalter deutlich, die nach / 45 / entsprechend ihrer Wirkungsweise, der Antriebsart, dem Schaltvermögen,
dem Verwendungszweck oder der Art der Lichtbogenlöschung zu
unterscheiden sind.

Da das Informationssystem für die spezielle Anwendung zur Auswahl der Werkzeugmaschinenantriebe konzipiert ist, wird bei
der weiteren Klassifikation auch diese spezifische Verwendung
der Bauelemente im Vordergrund stehen, sowie die sich hieraus
ergebenden Abhängigkeiten.

6.1.2 Bildung von Untergruppen und Ermittlung von Ordnungs-
merkmalen

Die Untergliederung der Geräte und eine Zuordnung von Merkmalen wird hier nur so weit getrieben, wie es für den Zugriff
der Berechnungsprogramme auf die Bauelemente notwendig ist.
Das hat den Vorteil, daß durch diese Beschränkung das Ordnungssystem übersichtlich bleibt und dennoch gewährleistet ist,
daß ein Bauelement, das die geforderten Merkmale umfaßt, sich
mit großer Wahrscheinlichkeit für die Antriebsaufgabe eignet.
Die Untergliederung und Festlegung der charakteristischen
Größen der einzelnen Geräte wird am Beispiel der Motoren gezeigt.

6.1.2.1 Untergliederung

Der Aufgabenstellung entsprechend sind in der Datenbank Motoren für die Vorschubachsen und die Hauptspindel zu speichern.
Da die Vorschubmotoren gemäß den Anforderungen konstruktiv
speziell gestaltet sind, werden sie in den Listen der Hersteller auch getrennt geführt und bilden somit eine eigene Unter-
gruppe.

Gleichstrommotoren, die für Hauptantriebe Verwendung finden,
sind mit Permanenterregung oder mit Fremderregung erhältlich.
Während bei den erstgenannten nur der Ankerstellbereich ausge-
nutzt werden kann, steht bei den letztgenannten auch der Feldstellbereich zur Verfügung.

Daneben sollen in der Datei auch Drehstromasynchronmaschinen
enthalten sein. Diese sind in Käfigläufermotoren mit und ohne
Polumschaltung, Schleifringläufermotoren und Bremsmotoren einzuteilen.

Damit ergibt sich eine anwendungsbezogene Untergliederung, wie
sie Bild 6.4 zeigt. Dort ist auch das erste Ordnungsmerkmal
dargestellt, das hier, und auch bei den anderen Gruppen, dem
Bauelementhersteller zugeteilt ist. Die Einbeziehung des Fa-
brikats resultiert aus der Erfahrung, daß dieses die Auswahl
eines Elements wesentlich beeinflußt, und somit ein herstel-
lerbezogener Zugriff notwendig ist.

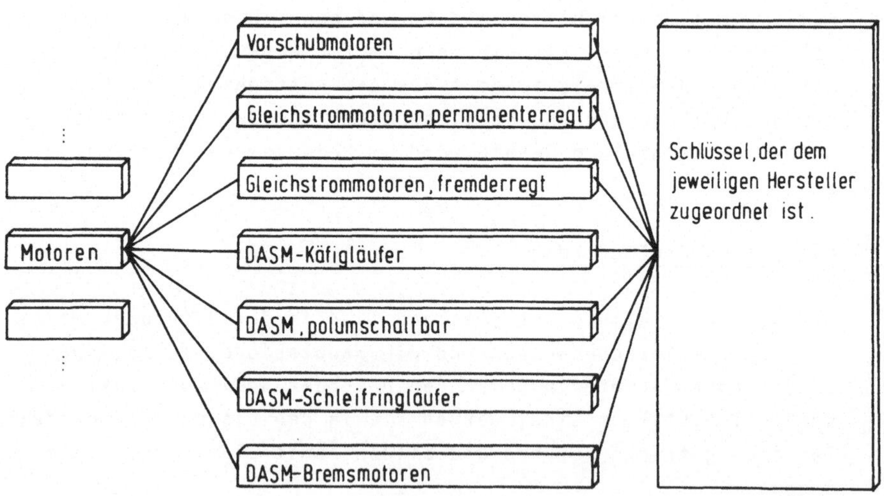

Bild 6.4: Untergliederung der Motoren

6.1.2.2 Ordnungsmerkmale

Die Festlegung der Ordnungsmerkmale erfolgt nach Kriterien,
die sich aus dem Auswahlablauf der Berechnungsprogramme ergeben. Sie entsprechen einer Grobauswahl der einzelnen Geräte
und sind somit spezifisch zu ermitteln. Dabei ist sicherzu-
stellen, daß die zur Merkmalsbildung herangezogenen Größen in
jedem Fall in den Herstellerlisten enthalten sind.

Kenngrößen für die Auslegung der Vorschubmotoren sind nach
/ 25 / die Motorleistung sowie das Trägheitsmoment. Bei den
Hauptspindelantrieben werden entsprechend dem Auswahlablauf
nach Kapitel 5 die Nennleistung und die Ankerspannung als charakteristische Größen genommen, wenn es sich um Gleichstrommotoren handelt bzw. die Nennleistung und Polzahl bei Asyn-
chronmaschinen.

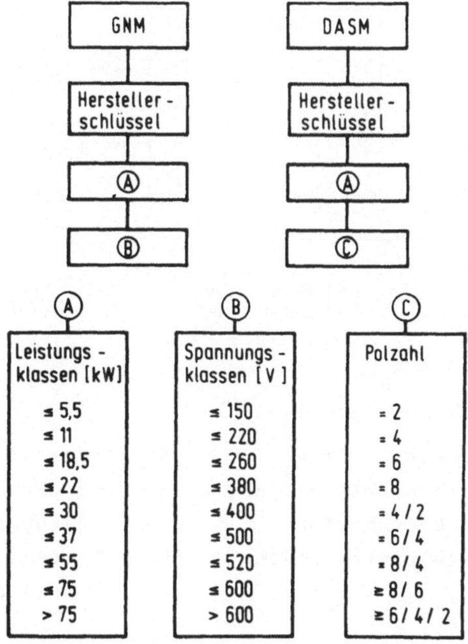

Bild 6.5: Gruppen der Ordnungsmerkmale für Hauptantriebe

Diese Merkmale sind quantitativ erfaßbar. Eine unmittelbare
Verwendung der Zahlenwerte als Ordnungsgrößen ist aber nicht
sinnvoll. Es muß auch hier jeweils eine Gruppenbildung in der
Form erfolgen, daß bestehende Ordnungen wie z.B. die Normlei-
stungsreihen und die Normspannungen berücksichtigt werden.
Gleichzeitig muß die Zahl der zu bildenden Gruppe mit der an-
gestrebten Verschlüsselung in Einklang stehen (Bild 6.5).

6.1.2.3 Übersicht über das Ordnungssystem

Analog der am Beispiel der Motoren gezeigten Untergliederung,
ist eine solche auch für die anderen Geräte durchzuführen. Das
hieraus resultierende Ordnungssystem der elektrischen Antriebselemente ist in Bild 6.6 zusammengefaßt.

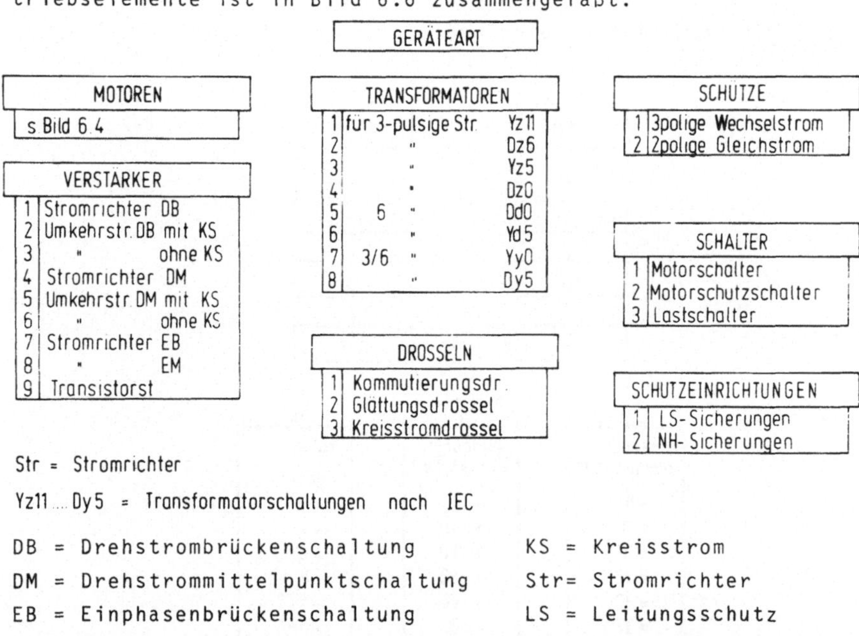

Str = Stromrichter

Yz11 ... Dy5 = Transformatorschaltungen nach IEC

DB = Drehstrombrückenschaltung   KS = Kreisstrom
DM = Drehstrommittelpunktschaltung   Str = Stromrichter
EB = Einphasenbrückenschaltung   LS = Leitungsschutz
EM = Einphasenmittelpunktschaltung   NH = Niederspannungs-
                                                       Hochleistung

Bild 6.6: Ordnungssystem der elektrischen Antriebselemente

6.2 Nummerung

Der Zugriff auf Informationen, die in der EDVA gespeichert
sind, erfordert einen Schlüssel, nach / 46 / als Nummer bezeichnet, der dies ermöglicht. Von den in / 47 / dargestellten
Nummerungssystemen ist das System der Klassifikation hier einzusetzen, da es die Rückgewinnung der Daten nach Merkmalen,
die den gebildeten Klassen entsprechen, ermöglicht.

6.2.1 Klassifikation und Identifikation

Somit ist eine Nummer zu entwickeln, welche die Haupt- und Ne-
bengruppen der Antriebselemente erfaßt und gleichzeitig eine
direkte Adressierung der Datensätze gestattet. Hierfür eignet
sich ein Schlüssel, der aus einer Ziffernfolge besteht, wobei
die Stellenzahl für die einzelnen Gruppen unter dem Gesichtspunkt der Erweiterbarkeit festzulegen ist.

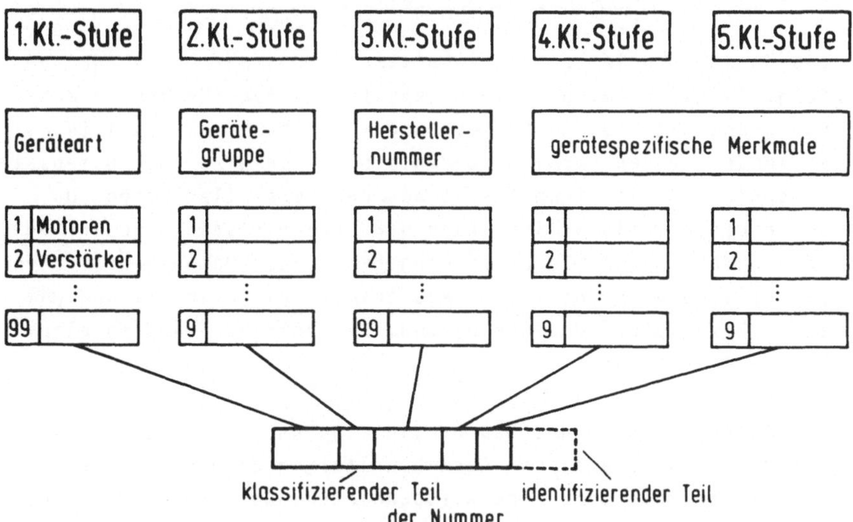

Bild 6.7: Nummernsystem der elektrischen Antriebselemente
(Kl. = Klassifizierung)

Da ein klassifizierender Schlüssel noch keine eindeutige
Rückgewinnung eines bestimmten Datensatzes ermöglicht (Bauelemente, die in allen Merkmalen übereinstimmen, erhalten die
gleiche Nummer), ist dem klassifizierenden Teil des Schlüssels
eine Identifikation anzufügen. Bild 6.7 zeigt das Nummernsystem der elektrischen Antriebselemente.

6.2.2 Erweiterung der Zugriffsmöglichkeiten

Die bisher dargestellte Klassifikation der Antriebselemente
ist für den Zugriff durch die Berechnungsprogramme hinreichend.
Für die Auswahl eines Gerätes durch den Konstrukteur können
weitere Kriterien, die aus vorgegebenen Randbedingungen resul-
tieren, entscheidend sein. Hieraus ergibt sich die Notwendigkeit, zusätzliche Möglichkeiten zur Rückgewinnung der gespeicherten Informationen bereitzustellen.

6.2.2.1 Vereinbarung von Deskriptoren

Die Speicherung eines Antriebselementes in der Datenbank erfolgt in der Form, daß ein Datensatz mit den für den Berech-
nungsgang notwendigen Angaben und mit darüber hinaus interes-
sierenden Größen formatgebunden eingelesen wird. Der Datensatz
entspricht damit einem Auszug aus den Herstellerlisten. Da
seine Länge variabel ist, kann der Anwender seinem Bedarf entsprechend zusätzliche Daten eingeben. Jedes Datum eines Datensatzes kann prinzipiell als Auswahlmerkmal definiert und mit
einem Deskriptor versehen werden. Das Vorgehen wird an einem
Beispiel erläutert.

Bei Motoren sollen die Bauform, die Schutzart und die Lüf-
tungsart als zusätzliche Auswahlkriterien dienen. Für jedes
dieser Merkmale wird eine Klasseneinteilung vorgenommen, aus
der sich die Belegung eines zweiten Schlüssels ergibt, der
auf zehn Stellen festgelegt ist. Die Ermittlung der einem
Klassenmerkmal entsprechenden Ziffer und der Übertrag in den
Schlüssel erfolgt selbsttätig durch einen FUNCTION-Aufruf an

der betreffenden Stelle des Einleseprogramms. Diesen Ablauf
zeigt Bild 6.8.

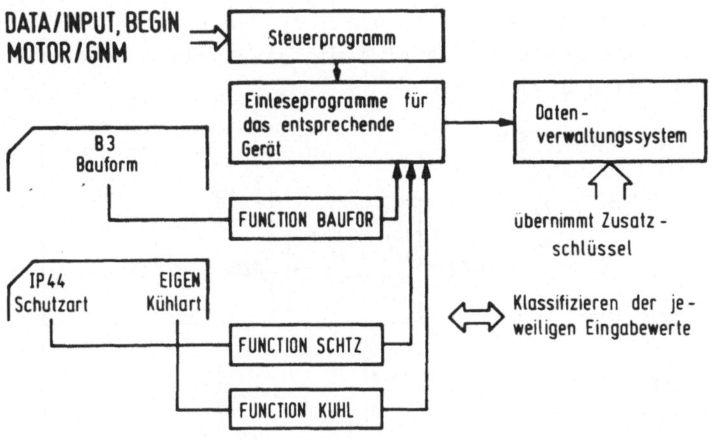

Bild 6.8: Bildung eines zweiten Schlüssels durch frei wähl-
bare Merkmale

Für die Rückgewinnung der Informationen muß für jedes der gewählten Merkmale eine Beschreibungsmöglichkeit vorliegen. Diese Aufgabe übernehmen die Deskriptoren, die frei vereinbart
werden können. Bei einer Anfrage werden ihnen von einem Interpretationsmodul Ziffern zugeordnet, die einen Suchschlüssel
ergeben. Dieser ist mit den Nummern der gespeicherten Elemente
zu vergleichen. Bei Koinzidenz ist ein Bauelement gefunden,
das die geforderten Eigenschaften aufweist.

6.2.2.2 Parallelverschlüsselung

Für den Konstrukteur besteht häufig die Notwendigkeit, die
Eignung eines speziellen Bauelementes, dessen firmenspezifi-
sche Typenbezeichnung vorliegt, für eine bestimmte Anwendung
zu prüfen. Deshalb muß ein Zugriff auf den entsprechenden Datensatz über die Type möglich sein.

Da die Typenbezeichnung meist eine Kombination aus Ziffern,
Buchstaben und Sonderzeichen ist, eignet sie sich nicht unmittelbar als Schlüssel. Eine Umsetzung in eine Ziffernfolge
ist notwendig. Diese wird parallel zu dem klassifizierenden
Schlüssel geführt und erlaubt damit die Auswahl einer bestimmten Type (Bild 6.9).

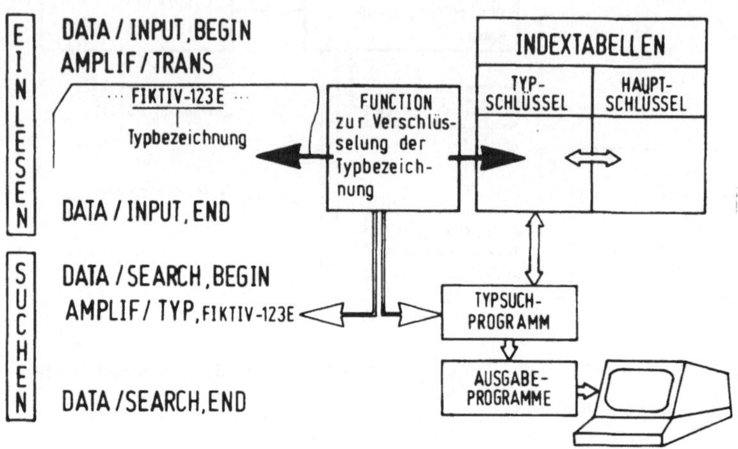

Bild 6.9: Auswahl eines Elementes über einen Typenschlüssel

6.2.2.3 Speicherung zusätzlicher Informationen

Der Aufbau des Zugriffsschlüssels leitet sich aus der Klassifikation der elektrischen Antriebselemente ab. Eine mögliche
Ergänzung zur Aufnahme weiterer Geräte, wie z.B. Umformer,
wird durch die zweistellige Hauptgruppe berücksichtigt. Damit
ist es möglich, auch die Informationen abzuspeichern, die in
Kapitel 3 als wesentliche Eingabegrößen für die Antriebsauswahl erkannt wurden, oder mechanische Antriebselemente, wie
z.B. Schaltgetriebe für Hauptantriebe, in die Datenbank auf-
zunehmen.

6.3 Kettung von Informationen

Die Notwendigkeit zur Kettung eines Teils der gespeicherten
Informationen besteht aus zweierlei Gründen:

1. Verschiedene Hersteller bieten gesamte Antriebssysteme
   an. Ausgehend vom Motor wird in den Listen auf geeignete
   Verstärker und zugehörige Drosseln, Transformatoren und
   Sicherungen verwiesen. Bei der Auswahl eines Antriebs
   ist es im Sinne des Anwenders, diese angegebenen Elemente zu bevorzugen. Für die Speicherung der Datensätze
   bedeutet dies, daß von dem in der Hierarchie an der
   Spitze stehenden Gerät Verweise zu den zugehörigen Ele-
   menten bestehen, über die unmittelbar, ohne Berechnung
   der charakteristischen Größen, zu den Daten zugegriffen
   werden kann.

2. Geräte, die in einer Baureihe angeboten werden, unterscheiden sich zwar in ihren Hauptmerkmalen wie z.B. dem
   Ausgangsnennstrom von Verstärkern, viele Daten sind aber
   innerhalb der Baureihe gleich. Zur Vermeidung von unnö-
   tiger Redundanz genügt es, die gemeinsamen Größen nur
   einmal zu speichern.

Die programmtechnische Realisierung dieser Kettung erfolgt so
wie in / 48,49,50 / für Stücklisten empfohlen, daß in einer
Liste die Ankeradressen der Sätze verwaltet werden, die zu einer Kette gehören.

7 Das realisierte Informationssystem

Ausgehend von den in Kapitel 2 definierten Anforderungen wurde
am Institut für Steuerungstechnik der Werkzeugmaschinen und
Fertigungseinrichtungen der Universität Stuttgart ein Informationssystem entwickelt, das einerseits die Auswahl von Zukaufteilen als Komponenten elektrischer Antriebe gestattet und andererseits die rechnerunterstützte Auslegung von Hauptspindel-
und Vorschubantrieben ermöglicht.

Hierzu waren im Rahmen dieser Arbeit insbesondere die Punkte
zu diskutieren und die programmtechnische Realisierung durchzuführen:

- Aufbau eines Datenbanksystems,

- Gestaltung der Berechnungsprogramme für Hauptantriebe,

- Steuerung der Systemteile,

- Dateneingabe und Ergebnisausgabe,

- Integration des bestehenden Teils zur Auswahl der Vorschubantriebe in das Gesamtsystem.

Nachfolgend werden die Kriterien aufgezeigt, die zur Lösungs-
findung geführt haben.

7.1 Das Datenbanksystem

Aufgrund der meist langen Entwicklungszeit für Software ist
es sinnvoll, bestehende Module zu übernehmen, wenn sie aus-
gereift und ohne allzugroßen Aufwand für die spezielle Anwendung einsetzbar sind. Diese Voraussetzungen waren hier nicht
gegeben, da zum Zeitpunkt der programmtechnischen Realisierung eine Datenbank an der Rechenanlage nicht zur Verfügung
stand und das später installierte Datenbanksystem / 51 / fol-

gende Einschränkungen aufweist:

- Da es für eine allgemeine Anwendung konzipiert ist, wird
  der Beschreibungsaufwand für den speziellen Fall groß,
  und die Flexibilität ist begrenzt.

- Das Vorhandensein des Systems an anderen Rechenanlagen
  ist nicht gewährleistet.

- Ein unmittelbarer Zugriff auf den Datenbestand über
  FORTRAN-Programme ist nicht möglich.

Somit ergibt sich die Notwendigkeit zur Entwicklung eines an-
gepaßten Datenbanksystems, wobei insbesondere der Datenaus-
tausch mit den Berechnungsprogrammen zu berücksichtigen ist.

7.1.1 Struktur des Datenbanksystems

Die Speicherung großer Datenmengen erfolgt in externen Massen-
speichern, auf die vom Betriebssystem der Rechenanlagen zugegriffen werden kann. Dieser Speicherbereich wird als Datenbank bezeichnet / 49,50 /. Um dem Anwender die Möglichkeit zu
geben, auf einer höheren Ebene mit der Datenbank zu korrespon-
dieren, ist sowohl eine Datenhandhabungssprache als auch eine
Datenbeschreibungssprache notwendig. Damit braucht der Benutzer weder Kenntnisse über Zugriffspfade zu dem Datenbestand
noch über die Speicherorganisation zu haben. Die angeforderten
Daten werden über ein Datenverwaltungssystem in einem vereinbarten Bereich des Arbeitsspeichers bereitgestellt, wo sie zur
Weiterverwendung verfügbar sind. Die für den Betrieb des Informationssystems entwickelten Module der Datenbank sowie ihre
Verknüpfung und den Anschluß an das Betriebssystem der Rechenanlage zeigt Bild 7.1.

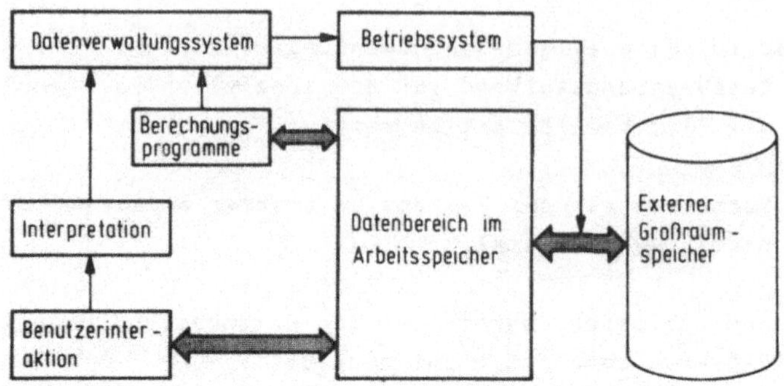

Bild 7.1: Struktur des Datenbanksystems

7.1.2 Aufbau der Datenhandhabungs- und der Datenbeschreibungssprache

Für den Betrieb des Informationssystems ist es unerläßlich, den Datenbestand in einfacher Weise manipulieren zu können. Dieser Forderung wird durch die Entwicklung von Systemkommandos entsprochen, mit deren Hilfe alle benötigten Benutzerinteraktionen, nämlich Datensätze speichern, suchen, löschen oder ändern möglich sind. Die Gesamtheit der Kommandos wird als Datenhandhabungssprache bezeichnet. Jede Anweisung beginnt mit dem Sprachwort DATA, das dem Verwaltungssystem mitteilt, daß auf die Datenbank zugegriffen wird. Die darauffolgenden Modifikatoren präzisieren die Art und Weise, in der dies zu geschehen hat. Den Aufbau und die Wirkung der einzelnen Anweisungen zeigt Bild 7.2.

Mit der Handhabungssprache wird dem System also mitgeteilt, was mit dem Datenbestand zu machen ist. Diese Angaben müssen so ergänzt werden, daß eine Aussage darüber besteht, welche Datensätze zu manipulieren sind. Dies erfolgt über eine Datenbeschreibungssprache, mit der die in Kapitel 6.2 geforderten Zugriffsmöglichkeiten realisiert wurden. Sie sind in Bild 7.3 dargestellt. Jeder Datensatz kann dabei unmittelbar

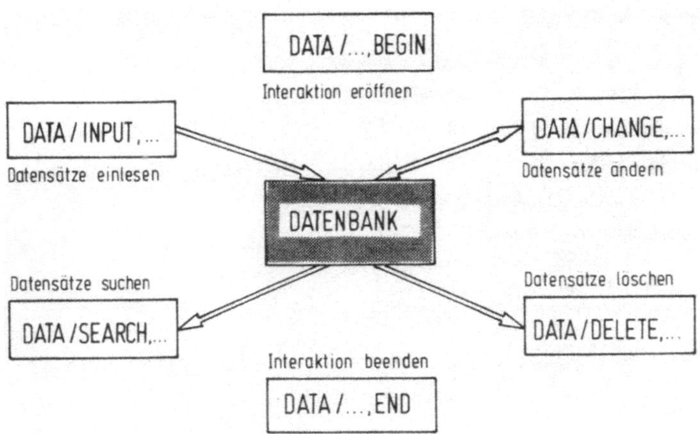

Bild 7.2: Leistungsumfang der Datenhandhabungssprache

über seine Schlüsselnummer angesprochen werden. Dies geschieht über eine Anweisung der Form ①. Sollen die Daten eines Bauelementes gesucht werden, dessen Typenbezeichnung vorliegt, ist dieser Vorgang nach ② zu beschreiben. Zur Ermittlung eines Antriebselementes, das bestimmte Eigenschaften erfüllen muß, sind diese Merkmale durch Deskriptoren zu definieren und nach ③ einzugeben.

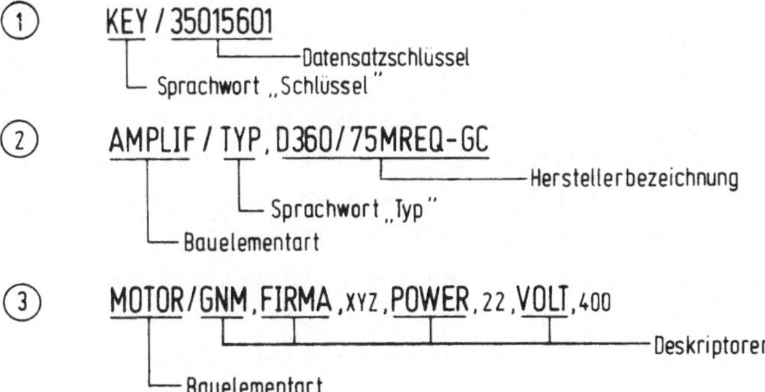

Bild 7.3: Formen der Datenbeschreibung

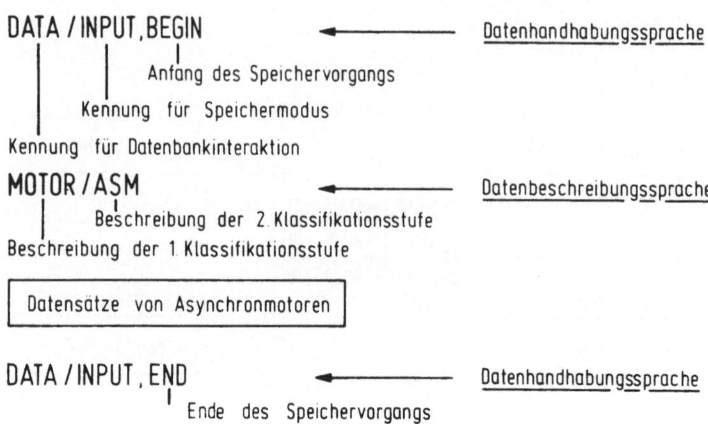

<u>Bild 7.4:</u> Aufbau einer Interaktion zur Speicherung von Bau-
          elementdaten

Der Aufbau einer Interaktion wird am Beispiel der Speicherung
von Asynchronmotordaten gezeigt (Bild 7.4). Sie umfaßt Anweisungen der Handhabungssprache, die den Einlesevorgang eröffnen
und beenden und eine Mitteilung der Datenbeschreibungssprache,
aus der sowohl zu entnehmen ist, welches Leseprogramm aktiviert
werden muß, als auch die ersten zwei Stellen des Satzschlüssels
abgeleitet werden. Die restlichen Ziffern des Schlüssels ergeben sich aus der Klassifikation bestimmter Motordaten während des Einlesevorganges.

Anders ist es beim Suchen eines Gerätes. Hier sind alle Eigenschaften zu beschreiben, die gefordert werden und innerhalb des
Schlüssels definiert sind. Diesen Vorgang zeigt Bild 7.5. Gewünscht werden anker- und feldstellbare Gleichstrommotoren mit
einer Leistung von 18 kW und einer Ankernennspannung von 400 V
eines bestimmten Herstellers. Sind die Merkmale nicht voll-
ständig angegeben, ist damit der Freiheitsgrad zur Bestimmung
des Elementes erhöht, da programmintern die fehlende Schlüssel-
stelle von der kleinsten bis zur größten variiert wird.

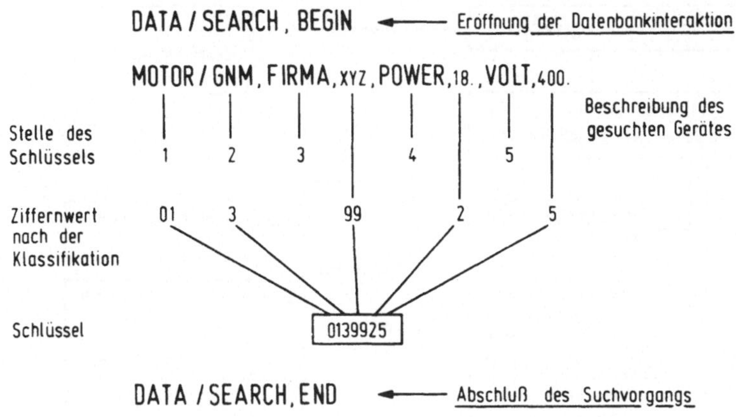

<u>Bild 7.5:</u> Beschreibung eines Suchvorganges

<u>7.1.3 Erweiterbarkeit durch den Anwender</u>

Das Datenbanksystem ist so konzipiert, daß es vom jeweiligen
Betreiber erweiterbar und für seine spezielle Zwecke modifi-
zierbar ist. Das wird einerseits durch den modularen Aufbau
des Systems und andererseits durch die Festlegung von Schnittstellen, zu denen der Anwender Zugang hat, erreicht.

Für die Aufnahme zusätzlicher Antriebselemente oder ganz allgemein von Informationen, die in der beschriebenen Form klas-
sifizierbar sind, muß der Benutzer Einleseprogramme schreiben,
die die Daten in den bereitgestellten Bereich des Arbeitsspeichers bringen. Daneben hat er entsprechende Deskriptoren
in die Datenbeschreibungsliste einzufügen. Die festgelegte
physische Länge eines Datenbanksatzes braucht nicht berücksichtigt zu werden, da bei Überschreitung ein Fortsetzungs-
satz angekettet wird, so daß immer Zugriff zum logischen Satz
besteht. Die Klassifizierung erfolgt so, daß vom Datenverwaltungssystem den neuen Sprachworten die nächsten freien Schlüs-
selnummern zugewiesen werden. Für die Gruppenbildung, die

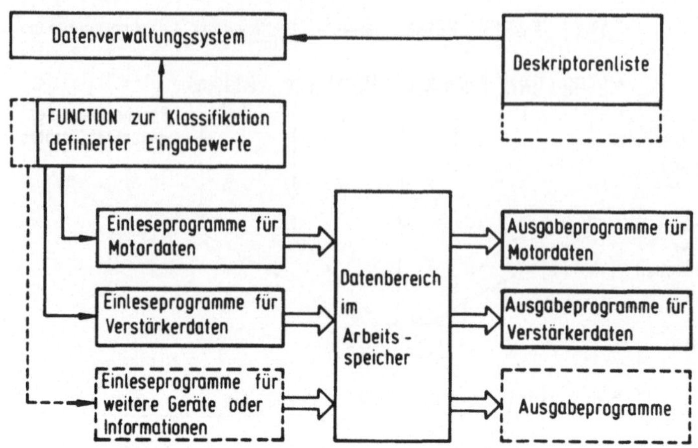

<u>Bild 7.6:</u> Schnittstellen des Anwenders für die Erweiterung und
Modifikation

innerhalb des Einlesevorganges stattfindet, sind entsprechende
Klassifizierungsroutinen zu schreiben, wenn sich die vorhandenen nicht eignen. In Bild 7.6 sind die Programmteile, die
der Anwender bei einer Erweiterung zu berücksichtigen hat, ge-
strichelt eingezeichnet.

7.2 Gestaltung der Berechnungsprogramme

Die in das Informationssystem integrierten Berechnungsteile
zur Auswahl von Hauptspindel- und Vorschubantrieben sind die
programmtechnisch realisierten Abbildungen der festgelegten
Auswahlstrategien. Wie in Kapitel 5 beschrieben, erfolgt die
Berechnung der einzelnen Antriebselemente in Stufen, wobei zunächst eine grobe Bestimmung der Merkmale aufgrund der vorgegebenen Anforderungen durchgeführt wird, aus denen dann der
Schlüssel für den Zugriff auf die Datenbank abzuleiten ist.
Sind geeignete Elemente gespeichert, werden deren Daten in
die Felder der Berechnungsprogramme geladen und stehen zur Simulation des Betriebsverhaltens bereit. Dies umfaßt die Prü-

fung der Dynamik und des Erwärmungsverlaufes der Motoren.

Jeder der genannten Module ist für Hauptspindel- und Vorschubantriebe getrennt bereitzustellen, greift jedoch auf ge-
meinsame Programmbausteine, z.B. zur Auswahl der Leistungs-
elemente, zur Bestimmung des Effektivmomentes oder für die numerische Integration zu. Die Struktur der Berechnungsprogramme
zeigt Bild 7.7.

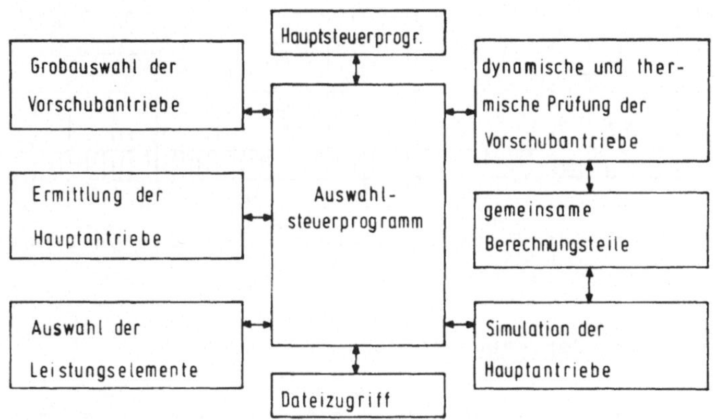

Bild 7.7: Struktur der Berechnungsprogramme

7.3 Dateneingabe und Datenausgabe

7.3.1 Daten der Antriebselemente

Die Eingabe dieser Daten erfolgt formatgebunden. Dem Anwender
werden hierzu Formblätter zur Verfügung gestellt, aus denen
ersichtlich ist, welche Daten unbedingt eingegeben werden müssen, da auf sie die Berechnungsprogramme zugreifen. Darüber-
hinaus ist es dem Benutzer freigestellt, Daten wegzulassen
oder zusätzliche Informationen durch Erweiterung der Einleseprogramme vorzunehmen. Bild 7.8 zeigt einen Auszug der Er-
fassungsformulare für Gleichstromnebenschlußmotoren.

DATENBLATT ELEMENTDATEI	HAUPTSPINDEL-GNM		BLATT 4			LFD.NR.	
EINGABEN DIMENSION	FIRMA –	TYPBEZ. –	PREIS [DM]	U_A [V]	I_A [A]	n_N [min^{-1}]	J_M [kgm^2]
FORMAT	10A1	20A1	F10.	F10.	F10.	F10.	F10.

EINGABEN DIMENSION	P_N [kW]	n_3 [min^{-1}]	n_4 [min^{-1}]	P_4 [kW]	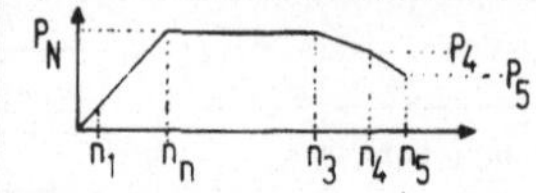 n_5	P_5	n_1	P_1
FORMAT	F10.	F10.	F10.	F10.	F10.	F10.	F10.	F10.

<u>Bild 7.8:</u> Auszug der Erfassungsformulare für Gleichstromneben-
schlußmotoren

7.3.2 Daten der Berechnungsprogramme

Den Berechnungsprogrammen müssen die Anforderungen an die auszuwählenden Antriebe sowie die konstruktiven Randbedingungen
und die zu erwartende Belastung eingegeben werden. Da für das
Vorschubauswahlprogramm eine Sprache zur formatfreien Eingabe
der Rechengrößen zur Verfügung steht / 26 /, ist es hinsichtlich Benutzerfreundlichkeit und für einen minimalen Programm-
aufwand sinnvoll, die Syntax dieser Sprache für die Dateneingabe bei Hauptantrieben beizubehalten. Den Aufbau einer Anweisung zeigt das Beispiel zur Beschreibung des vorhandenen
elektrischen Netzes:

SUPPLY / VOLT, 380, AC3

Das Sprachwort SUPPLY teilt dem System mit, daß sich die folgenden Modifikatoren auf die Stromversorgung beziehen. Die Angaben VOLT, 380, AC3 werden als Drehstromnetz mit 380 V Spannung interpretiert.

Zur Darstellung aller für die Hauptantriebsauswahl benötigten
Informationen waren im Rahmen dieser Arbeit geeignete Sprachworte zu vereinbaren, die Anweisungen aufzubauen und Programmteile zur Auswertung und Übergabe der Daten an den Berechnungsteil zu realisieren.

7.4 Steuerung und Aufbau des Gesamtsystems

Das Gesamtsystem ist gekennzeichnet durch den Verbund des Datenbanksystems mit den Berechnungsprogrammen, wobei erstge-
nanntes als eigenständiger Modul zu betreiben ist. Das erfordert den Aufbau einer Steuerungshierarchie, bei der ein über-
geordnetes Hauptsteuerprogramm die Aufgaben verteilt.

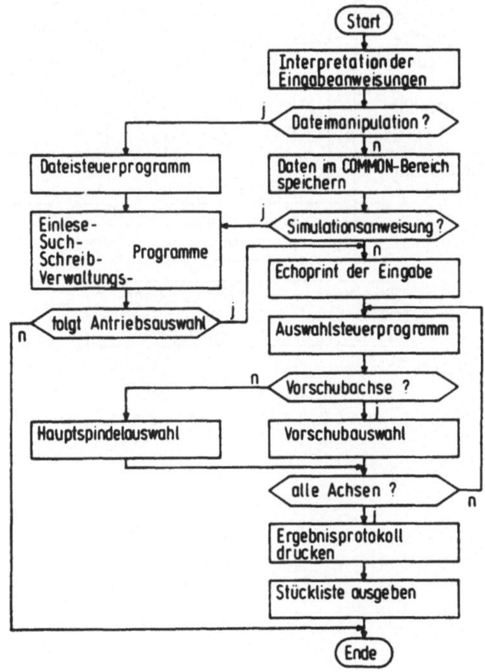

Bild 7.9: Flußdiagramm des Hauptsteuerprogramms

In dem für die Datenhandhabungs-, Beschreibungs- und Konstruk-
tionsdateneingabesprache gemeinsamen Interpretationsteil wird
jede Anweisung zunächst auf syntaktisch richtigen Aufbau und
Vollständigkeit geprüft und der Informationsgehalt ausgewertet.
Je nach Anweisungsart werden Merker gesetzt, aufgrund deren
das Hauptsteuerprogramm die untergeordneten Systemteile aktiviert, wie in Bild 7.9 gezeigt wird.

Die Struktur des realisierten Informationssystems ist in Bild
7.10 dargestellt.

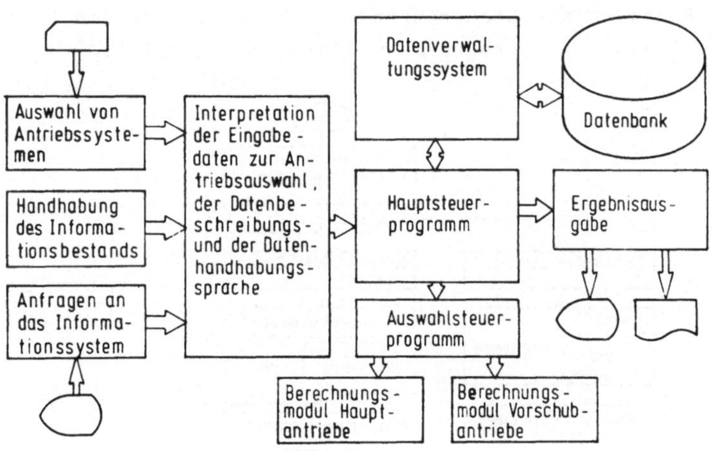

Bild 7.10: Struktur des realisierten Informationssystems

8 Beispiele für den Einsatz des Informationssystems bei der Antriebsauswahl

Entsprechend den in Kapitel 3 definierten Anforderungen, kann der Konstrukteur aus dem System Informationen beziehen, die er zur Lösung seiner Antriebsaufgabe benötigt. Anhand von Zugriffsbeispielen wird hier eine Teilmenge der im Rahmen dieser Arbeit erfaßten, aufbereiteten und abgespeicherten Informationen dargestellt, sowie die Form der Bereitstellung gezeigt. Die nachfolgende Auslegung eines Hauptantriebs befaßt sich mit der Dateneingabe, der Verknüpfung zwischen Berechnungsprogrammen und Datenbank und der Ergebnisausgabe.

8.1 Informationsrückgewinnung

Für die Arbeit mit dem Datenbankmodul muß der Anwender einerseits wissen, welche Informationen gespeichert sind, und andererseits wie er auf sie zugreifen kann. Auskunft hierüber gibt ein Dateieninhaltsverzeichnis, das über Bildschirm abgerufen werden kann.

```
*
*      MOTOR    /ASM         DASM-KAEFIGLAEUFER                         *
*               /ASMBR       DASM-BREMSMOTOREN                          *
*               /ASMPOL      DASM/POLUMSCHALTBAR                        *
*               /ASMSR       DASM-SCHLEIFRINGLAEUFER                    *
*               /GMM         GLEICHSTROMMOTOREN, PERMANENTERREGT        *
*               /GMMFLD      GLEICHSTROMMOTOREN, FREMDERREGT            *
*               /SERVO       VORSCHUBMOTOREN                            *
*                                                                       *
*************************************************************************
*                                                                       *
*      DESKRIPTOREN ZU                 WIRKUNG                           *
*                                                                       *
*************************************************************************
*                                                                       *
*                                                                       *
*      ASM       ,FIRMA       HERSTELLER                               *
*                ,POWER       LEISTUNGSKLASSE                          *
*                ,POLZAL      POLZAHL                                  *
*                                                                       *
*      ASMBR    ,             VERGL. ASM                              *
*      ASMPOL   ,             VERGL. ASM                              *
*      ASMSR    ,             VERGL. ASM                              *
*                                                                       *
*      GMM       ,FIRMA       HERSTELLER                              *
*                ,POWER       LEISTUNGSKLASSE                          *
*                ,VOLT        SPANNUNGSKLASSE                          *
```

Bild 8.1: Teil des Dateieninhaltsverzeichnisses

Bild 8.1 zeigt einen Ausschnitt. Zu jedem Bauelement sind die
vereinbarten Deskriptoren aufgeführt und erläutert.

Wird z.B. ein Drehstromasynchronmotor benötigt, der eine Nennleistung von 30 kW haben soll und 4/6polig umschaltbar sein
muß, sind die für einen Suchlauf erforderlichen Kommandos der
Indexliste zu entnehmen und nach Bild 8.2 in Verbindung mit
der Datenhandhabungssprache einzugeben.

```
*                                                                      .
*         DATA/SEARCH,BEGIN                                            *
*         MOTOR/ASMPOL,FIRMA,SIEMEN,POWER,30.,POLZAL,64                *
*         DATA/SEARCH,END                                              *

***************I*********************************I**********************
* BAUELEMENTART.....................................   =ASM-POLUMSCHALTMOTOR *
* HERSTELLER........................................   =  SIEMENS            *
* TYPENBEZEICHNUNG..................................   =       1LA4220-1CB   *
* DATEIKENNZIFFER...................................   =  15045401           *
*---------------------------------------------------------------------*
*ELEKTRISCHE DATEN                                                     *
*                                                                      *
* NENNSPANNUNG...........................V          =       380.0      *
* NENNFREQUENZ...........................HZ         =        50.0      *
* POLZAHL................................           =         4        *
* NENNLEISTUNG...........................KW         =        30.0      *
* NENNDREHZAHL...........................1/MIN      =      1470.0      *
* POLZAHL................................           =         6        *
* NENNLEISTUNG...........................KW         =        20.0      *
* NENNDREHZAHL...........................1/MIN      =       975.0      *
* POLZAHL................................           =         0        *
* NENNLEISTUNG...........................KW         =         0.0      *
* NENNDREHZAHL...........................1/MIN      =         0.0      *
* LEISTUNGSFAKTOR........................           =         0.88     *
* NENNSTROM..............................A          =        61.0      *
* NENNMOMENT.............................NM         =       129.9      *
* KIPPMOMENT / NENNMOMENT................           =         2.40     *
* ANZUGSMOMENT / NENNMOMENT..............           =         1.60     *
* LEERLAUFSTROM..........................A          =         6.1      *
*                                                                      *
*MECHANISCHE DATEN                                                     *
*                                                                      *
* GEWICHT................................KG         =       320.0      *
* MASSENTRAEGHEITSMOMENT.................KG*M**2     =         0.4500   *
* SCHUTZART..............................           =        IP44       *
* BAUFORM................................           =        B3         *
* BAUGROESSE.............................           =        225        *
*                                                                      *
*THERMISCHE DATEN                                                      *
*                                                                      *
* ISOLATIONSKLASSE.......................           =         F         *
* THERMISCHE ZEITKONSTANTE...............MIN        =        60.0      *
* UEBERTEMPERATUR BEI NENNLEISTUNG.......GRAD       =        80.0      *
* LUEFTUNGSART...........................           =        -1        *
***********************************************************************
```

<u>Bild 8.2:</u> Kommando zur Anforderung von Asynchronmotoren mit
bestimmten Eigenschaften und Datenausgabe

Die Form der Ausgabe, die als Plotterausdruck oder am Bildschirm erscheint, wurde so gewählt, daß eine hinreichende In-
formationsmenge zur Verfügung steht. Dabei sind auch Angaben
z.B. über die Schutzart oder die Isolationsklasse enthalten,
die der Konstrukteur näher erläutert haben möchte, oder er für
die weitere Konstruktion zu berücksichtigen hat, wie die Baugröße des Motors. Dem Dateieninhaltsverzeichnis ist zu entnehmen, daß für diesen Sachverhalt zusätzliche Informationen
angefordert werden können und wie diese aufzurufen sind. Bild
8.3 zeigt den Ausdruck, den der Anwender über die Anweisung
LISTE / SCHUTZ erhält, um eine Zuordnung zwischen Schutzart-
kennziffer und der Bedeutung zu haben.

```
•      SCHUTZART ELEKTRISCHER MASCHINEN NACH                      •
•      DIN 40050 BLATT1 UND IEC-EMPFEHLUNG 144                    •
•                                                                 •
•••••••••••••••••••••••••••••••••••••••••••••••••••••••••••••••••••
•                                                                 •
•  KENNBUCHSTABEN IP        SCHUTZ GEGEN BERUEHREN UND GEGEN EINDRINGEN VON •
•                           FREMDKOERPERN UND VON WASSER          •
•                                                                 •
•  ERSTE KENNZIFFER 0..6 SCHUTZGRADE GEGEN BERUEHREN UND EINDRINGEN VON •
•                           FREMDKOERPERN                         •
•                                                                 •
•  ZWEITE KENNZIFFER 0.8 SCHUTZGRADE GEGEN EINDRINGEN VON WASSER  •
•                                                                 •
•••••••••••••••••••••••••••••••••••••••••••••••••••••••••••••••••••
•                                                                 •
•  ERSTE KENNZIFFER         SCHUTZGRADE - KURZBEZEICHNUNG         •
•- - - - - - - - - - - - - - - - - - - - - - - - - - - - - - - - -•
•                                                                 •
•      0             KEIN SCHUTZ                                  •
•      1             SCHUTZ GEGEN GROSSE        FREMDKOERPER      •
•      2             SCHUTZ GEGEN MITTELGROSSE  FREMDKOERPER      •
•      3             SCHUTZ GEGEN KLEINE        FREMDKOERPER      •
•      4             SCHUTZ GEGEN KORNFOERMIGE  FREMDKOERPER      •
•      5             SCHUTZ GEGEN STAUBABLAGERUNGEN              •
•      6             SCHUTZ GEGEN STAUBEINTRITT                  •
•                                                                 •
•••••••••••••••••••••••••••••••••••••••••••••••••••••••••••••••••••
•                                                                 •
•  ZWEITE KENNZIFFER        SCHUTZGRADE - KURZBEZEICHNUNG         •
•- - - - - - - - - - - - - - - - - - - - - - - - - - - - - - - - -•
•                                                                 •
•      0             KEIN SCHUTZ                                  •
•      1             SCHUTZ GEGEN SENKRECHT FALLENDES TROPFWASSER •
•      2             SCHUTZ GEGEN SCHRAEG    FALLENDES TROPFWASSER •
•      3             SCHUTZ GEGEN SPRUEHWASSER                    •
•      4             SCHUTZ GEGEN SPRITZWASSER                    •
•      5             SCHUTZ GEGEN STRAHLWASSER                    •
•      6             SCHUTZ BEI UEBERFLUTUNG                      •
•      7             SCHUTZ BEIM EINTAUCHEN                       •
•      8             SCHUTZ BEIM UNTERTAUCHEN                     •
```

<u>Bild 8.3</u>: Rechnerausdruck der Schutzarten elektrischer Maschi-
nen

Eine Anforderung nach Informationen zur Achshöhe und zur Iso-
lierstoffklasse, sowie die Ausgabe ist Bild 8.4 zu entnehmen.

```
*        DATA/SEARCH,BEGIN                                              *
*        LISTE/ACHSH                                                    *
*        LISTE/GRENZT                                                   *
*        DATA/SEARCH,END                                                *
************************************************************************
*                                                                      *
*        ACHSHOEHEN ELEKTRISCHER MASCHINEN NACH DEM                    *
*        AUSWAHLBLATT 1 ZU DIN 747, NORMBLATT DIN 747                  *
*                                                                      *
************************************************************************
*                                                                      *
*   ACHSHOEHE H (MM) 5.6        63        71        80        90        *
*                    100       112       132       160       180        *
*                    200       225       250       280       315        *
*                    355       400       450       500       560        *
*                    630       710       800       900      1000        *
*                                                                      *
*   ACHSHOEHE = ABSTAND DER WELLENMITTE VON DER FUSSAUFLAGEFLAECHE      *
*                                                                      *
*--------------------------------------------------------------------- *
*                                                                      *
*   ZUGELASSENE ABWEICHUNG DER ACHSHOEHE                               *
*                                                                      *
*       ACHSHOEHE H (MM)                 ABWEICHUNG (MM)               *
*         25  ...   50                       -0.4                      *
*       >  50  ...  250                       -0.5                      *
*       > 250  ...  630                       -1.0                      *
*       > 630  ... 1000                       -1.5                      *
*       > 1000                                - 2                       *
*                                                                      *
************************************************************************


************************************************************************
*                                                                      *
*        GRENZTEMPERATUREN DER ISOLIERSTOFFKLASSEN                     *
*        VDE 0530, TEIL1 , ANHANG II                                  *
*                                                                      *
************************************************************************
*                                                                      *
*   ISOLIERSTOFFKLASSE        ZUGEORDNETE GRENZTEMPERATUR             *
*                                 GRAD- CELSIUS                        *
*          Y                          90                               *
*          A                         105                               *
*          E                         120                               *
*          B                         130                               *
*          F                         155                               *
*          H                         180                               *
*          C                      UEBER 180                            *
*                                                                      *
************************************************************************
```

Bild 8.4: Ausgabe von Informationen zur Achshöhe elektrischer
          Maschinen und zu den Isolierstoffklassen

Eine Übersicht über wichtige Normen, die bei der Antriebsauswahl zu beachten sind, wird mit dem Kommando LISTE / DINORM
erzielt (Bild 8.5).

```
***********************************************************************
*                                                                     *
*      WICHTIGE DIN- NORMEN FUER                                      *
*      BETRIEB, AUFSTELLUNG, PRUEFUNG- EL.ANTRIEBE                    *
*                                                                     *
***********************************************************************
*                                                                     *
*   DIN   111          9.72    ANTRIEBSELEMENTE, FLACHRIEMENSCHEIBEN, *
*                              MASSE, NENNDREHMOMENTE                  *
*   DIN   111  BL.2 3.74    ANTRIEBSELEMENTE, FLACHRIEMENSCHEIBEN,    *
*                              ZUORDNUNG FUER ELEKTRISCHE MASCHINEN   *
*   DIN   332  BL.210.70    ZENTRIERBOHRUNGEN 60 GRAD MIT GEWINDE     *
*                              FUER WELLENENDEN ELEKTRISCHER MASCHINEN*
*   DIN   747 ABL.1 6.67    ACHSHOEHEN FUER MASCHINEN , AUSWAHL FUER  *
*                              ELEKTRISCHE MASCHINEN                   *
*   DIN   748   T.3 7.75    ZYLINDRISCHE WELLENENDEN FUER             *
*                              ELEKTRISCHE MASCHINEN                   *
*   DIN  1448  BL.1 1.70    KEGELIGE WELLENENDEN MIT AUSSENGEWINDE,   *
*                              ABMESSUNGEN                             *
                                  ... WELLENENDEN MIT INNENGEWINDE,
   DIN ...
*                              DURCHMESSER                             *
*   DIN 42973         9.73    LEISTUNGSREIHE FUER ELEKTRISCHE MASCHINEN,*
*                              NENNLEISTUNGEN BEI DAUERBETRIEB        *
*   DIN 43030  BL.110.69    BUERSTENHALTER FUER ELEKTRISCHE MASCHINEN,*
*                              BEGRIFFE UND UEBERSICHT                 *
*   DIN 46062        11.70    ANLASSER FUER GLEICHSTROMMOTOREN UND    *
*                              DREHSTROM-SCHLEIFRINGLAEUFERMOTOREN    *
*                                                                     *
***********************************************************************
```

<u>Bild 8.5:</u> Ausgabe wichtiger Normen für die Antriebsauslegung

8.2 Anwendung des Berechnungsmoduls

Das Beispiel behandelt die Auswahl der elektrischen Antriebselemente für einen Hauptantrieb. Gewünscht wird eine Motorleistung von 22 kW, wobei eine Abweichung nach unten um 10 %
und nach oben um 20 % zugelassen ist. Bei einem Spindelstu-
fensprung von $\varphi_{Sp}=1,12$ soll ein Bereich konstanter Leistung
der Spindeldrehzahlen $n_{Sp1}=280$ min^{-1} bis $n_{Sp2}=3150$ min^{-1} erreicht werden, wobei für die maximale Spindeldrehzahl ein
Toleranzbereich von einem Stufensprung nach oben und unten
möglich ist. Die Forderungen sind mit einem Getriebe zu er-
reichen, das höchstens drei Stufen haben darf.

Die Eingabe der Daten erfolgt formatfrei, wobei dem Anwender
zur Beschreibung des jeweiligen Sachverhaltes Sprachworte zur
Verfügung stehen (Bild 8.6).

```
******************************************************************************
* REKONE-VERS.3.0 I   EINGABEANWEISUNGEN   I SEITE =            1           *
*******************I**************************I*****************************
*                                                                          *
*     1.  COMPUT/ AUSWAHL EINES HAUPTANT.                                   *
*     2.  $$                                                                *
*     3.  $$       DATEN DES SPEISENDEN NETZES                             *
*     4.  $$                                                                *
*     5.  SUPPLY/VOLT,380.,AC3                                             *
*     6.  $$                                                                *
*     7.  $$       FORM DER ERGEBNISAUSGABE                                *
*     8.  $$                                                                *
*     9.  PROCHO/PLOT                                                       *
*    10.  $$                                                                *
*    11.  $$       KONSTRUKTIONSDATEN UND ANFORDERUNGEN                    *
*    12.  $$                                                                *
*    13.  MAINSP                                                            *
*    14.  SPINDL/STEP,1.12,MINSPE,31.5,CORSPE,280.,MAXSPE,3150.,MAXUP,1.,  *
*         MAXDWN,1.                                                         *
*    15.  LOAD/POWER,22.,POWUP,20.,POWDWN,10.                              *
*    16.  GEAR/ELECT,STEPMX,3.                                             *
*    17.  FRICT/FTORQ,5.                                                    *
*    18.  $$                                                                *
*    19.  $$       VORWAHL DES MOTORS                                      *
*    20.  $$                                                                *
*    21.  MOTOR/DCMFLD,FIRM,SIEMEN,PROTEC,21,WOV                           *
*    22.  $$                                                                *
*    23.  $$       STEUERANWEISUNGEN                                       *
*    24.  $$                                                                *
*    25.  DATEND                                                           *
*    26.  AXEND                                                            *
******************************************************************************
```

<u>Bild 8.6:</u> Form der Konstruktionsdateneingabe

Nach Interpretation der Anweisungen und Übergabe der Daten an
den Berechnungsteil werden dort, entsprechend der in Kapitel
5.1.3 gezeigten Vorgehensweise, die Merkmale geeigneter Motoren ermittelt und in Form von Schlüsselzahlen an das Datenverwaltungssystem übergeben. Das Ergebnis einer erfolgreichen
Suche in der Datei zeigt Bild 8.7. Die vorgegebenen Bedingungen sind mit dem angegebenen Motor und einem dreistufigen Getriebe mit einem Stufensprung $\varphi_G=2$ zu erfüllen. Anschließend
kann der Konstrukteur eine Anfrage an das System nach einem
geeigneten käuflichen Getriebe stellen, und die Gesamtdaten
des vorgeschlagenen Motors sowie der zugehörigen Leistungs-

elemente anfordern. Die Ausgabeergebnisse hierzu sind in den
folgenden Bildern dargestellt.

```
****************************************************************************
* REKONE-VERS.3.0 I ERGEBNIS HAUPTSPINDEL  I SEITE =          3          *
****************I***********************I**********************************
* BAUELEMENTART                                    =  GLEICHSTROMMOTOR    *
* HERSTELLER                                       =  SIEMENS             *
* TYPENBEZEICHNUNG                                 =       1GF3182-5NH40   *
* DATEIKENNZIFFER                                  =  12044401            *
*--------------------------------------------------------------------------*
*HAUPTKENNZEICHNUNGSDATEN                                                  *
* NENNLEISTUNG                          KW         =          24.8        *
* NENNDREHZAHL(BEI NENNERREGUNG)        1/MIN      =        1620.0        *
* MAXIMALDREHZAHL(BEI NENNLEISTUNG)     1/MIN      =        3250.0        *
* MAXIMALDREHZAHL BEI REDUZ. LEISTUNG   1/MIN      =        3596.4        *
* MASSENTRAEGHEITSMOMENT                KG*M**2    =          0.2100      *
****************************************************************************
*ERGEBNIS DER STATIONAEREN AUSLEGUNG                                       *
****************************************************************************
*AUSSTEUERUNG DES MOTORS                                                   *
* MAXIMALE LEISTUNG (P3)                KW         =          24.5        *
* MAX.DREHZAHL IM ANKERSTELLBEREICH (N3) 1/MIN     =        1600.0        *
* MAX.DREHZAHL BEI MAX. LEISTUNG (N4)   1/MIN      =        3216.0        *
* MAX.DREHZAHL BEI RED. LEISTUNG (N6)   1/MIN      =        3550.0        *
* LEISTUNG BEI DER MAX. DREHZAHL N6 (P6) 1/MIN     =          22.1        *
*--------------------------------------------------------------------------*
*MIT DEM GETRIEBE ERGEBEN SICH DIE WERTE                                   *
* ECKDREHZAHL       AN DER SPINDEL      1/MIN      =         280.0        *
* MAXIMALDREHZAHL   AN DER SPINDEL      1/MIN      =        3150.0        *
* MINIMALDREHZAHL   AN DER SPINDEL      1/MIN      =          11.2        *
* STUFENSPRUNG DES GETRIEBES                       =           2          *
* STUFENZAHL DES GETRIEBES                         =           7          *
```

Bild 8.7: Ergebnisse des Berechnungslaufes

```
****************I***************************I******************************
* BAUELEMENTART                                    =  GETRIEBE            *
* HERSTELLER                                       =  ZF                  *
* TYPENBEZEICHNUNG                                 =              3SW20    *
* DATEIKENNZIFFER                                  =  79074301            *
*--------------------------------------------------------------------------*
*                                                                          *
* ANTRIEBSLEISTUNG                      KW         =          22.00       *
* BEI DER DREHZAHL                      U/MIN      =        1350.00       *
* STUFENZAHL                                       =           3          *
* MAXIMALER STUFENSPRUNG                           =           2.24       *
* MINIMALER STUFENSPRUNG                           =           1.26       *
* DAUERBETRIEBSDREHZAHL                 U/MIN      =        1350.00       *
* MAXIMALE ANTRIEBSZAHL                 U/MIN      =        3000.00       *
* MAXIMALE ABTRIEBSDREHZAHL             U/MIN      =        3000.00       *
*                                                                          *
* SCHALTUNG DURCH SYNCHRON-KLAUENKUPPLUNG                                  *
* BETAETIGUNG HYDRAULISCH                                                  *
* SCHALTDRUCK                           BAR        =          24.00       *
*                                                                          *
* DREHZAHL FUER GETRIEBESCHALTUNG       U/MIN      =         150.00       *
* GEWICHT                               KG         =         176.00       *
*                                                                          *
****************************************************************************
```

Bild 8.8: Ausgewähltes Getriebe

```
*********************!************************!*****************************
* BAUELEMENTART                                        =  GLEICHSTROMMOTOR  *
* HERSTELLER                                           =  SIEMENS           *
* TYPENBEZEICHNUNG                                     =    1GF3182-5NH40   *
* DATEIKENNZIFFER                                      =  12044401          *
*----------------------------------------------------------------------------*
*HAUPTKENNZEICHNUNGSDATEN                                                    *
*                                                                           *
* NENNLEISTUNG                             KW          =        24.8        *
* NENNDREHZAHL(BEI NENNERREGUNG)           1/MIN       =      1620.0        *
* MAXIMALDREHZAHL(BEI NENNLEISTUNG)        1/MIN       =      3250.0        *
* MAXIMALDREHZAHL BEI REDUZ  LEISTUNG      1/MIN       =      3596.4        *
* MASSENTRAEGHEITSMOMENT                   KG*M**2     =         0.2100     *
*                                                                           *
*ELEKTRISCHE DATEN ANKERWICKLUNG                                            *
*                                                                           *
* MAX.ANKERSPANNUNG                        V           =       360.0        *
* NENNSTROM                                A           =        82.0        *
* KURZZEIT UEBERLASTSTROM                  A           =       164.0        *
* DREHMOMENTKONSTANTE                      NM/A        =         1.78       *
* SPANNUNGSKONSTANTE                       VMIN        =         0.00       *
* INDUKTIVITAET                            H           =         4.600      *
* WIDERSTAND                               OHM         =         0.520      *
* ELEKTR.ZEITKONSTANTE                     S           =         8.850      *
* WIRKUNGSGRAD                             PROZENT     =        84.00       *
*                                                                           *
*ELEKTRISCHE DATEN ERREGERWICKLUNG                                          *
*                                                                           *
* MIN  ERREGERSPANNUNG                     V           =         0.0        *
* MAX  ERREGERSPANNUNG                     V           =       310.0        *
* ERREGERLEISTUNG                          KW          =         0.0        *
* ERREGERZEITKONSTANTE                     S           =         0.000      *
*                                                                           *
*THERMISCHE DATEN                                                           *
*                                                                           *
* ISOLATIONSKLASSE                                     =       155.0        *
* THERMISCHE ZEITKONSTANTE 1               MIN         =        20.0        *
* UEBERTEMPERATUR 1 BEI NENNSTROM          GRAD        =       115.0        *
* THERMISCHE ZEITKONSTANTE 2               MIN         =         0.0        *
* UEBERTEMPERATUR 2 BEI NENNSTROM          GRAD        =         0.0        *
* NENNSTROMDICHTE                          A/MM**2     =        10.00       *
* LUEFTUNGSART                                         =        -1          *
* FOERDERMENGE                             M**3/S      =         0.00       *
* STATISCHER DRUCK                         MBAR        =        45.00       *
*                                                                           *
*MECHANISCHE DATEN                                                          *
*                                                                           *
* GEWICHT                                  KG          =       215.0        *
* SCHUTZART                                            =        IP23        *
* BAUFORM                                              =        B3          *
*                                                                           *
*ZUBEHOERDATEN                                                              *
*                                                                           *
* ANKERSPEISEGERAET       -TYP                    = D360/130MREQ-GCGF6V    *
* PULSZAHL                                         =        0              *
* KOMMUTIERUNGSDROSSEL-TYP                         =        4EP1506-8CA    *
* KREISSTROMDROSSEL       -TYP                     =                       *
* GLAETTUNGSDROSSEL       -TYP                     =                       *
*                                                                           *
* ANKERSPEISEGERAET       -TYP                     =                       *
* PULSZAHL                                         =        0              *
* KOMMUTIERUNGSDROSSEL-TYP                         =                       *
* KREISSTROMDROSSEL       -TYP                     =                       *
* GLAETTUNGSDROSSEL       -TYP                     =                       *
```

Bild 8.9: Daten des Gleichstrommotors

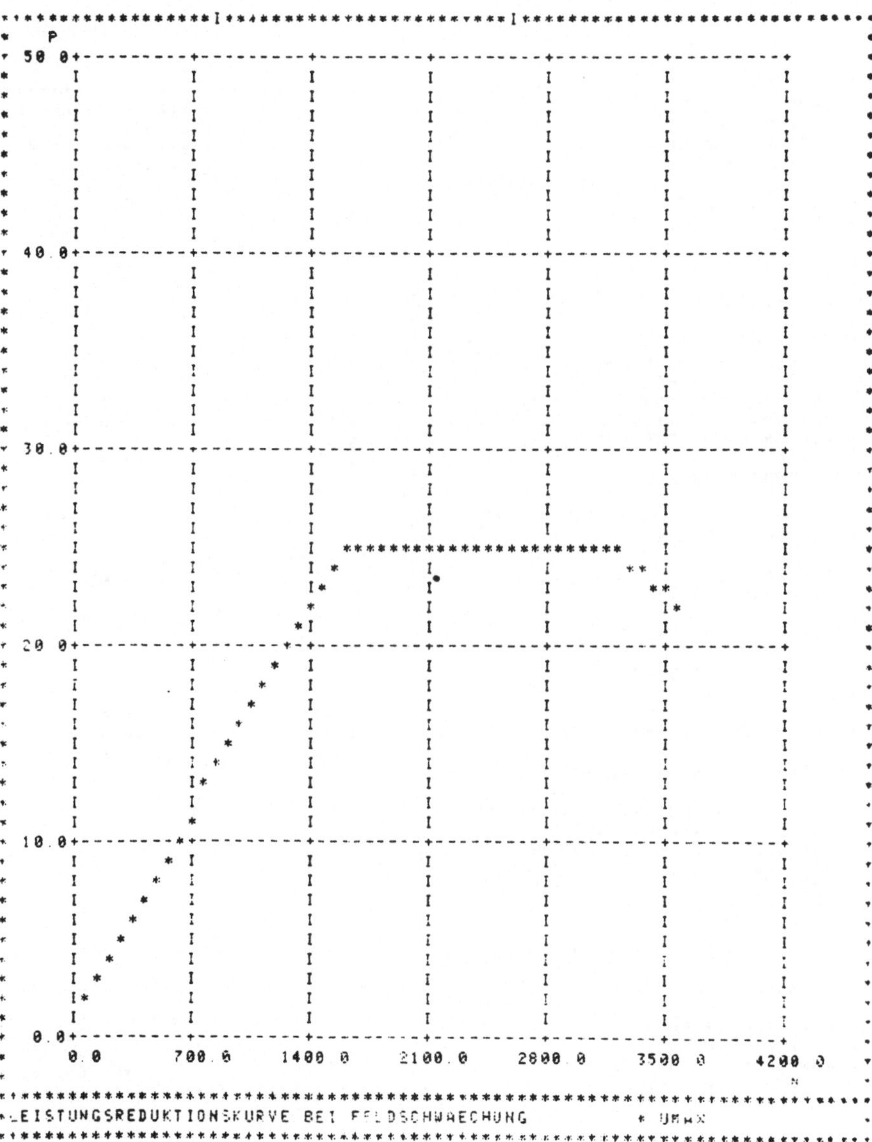

Bild 8.10: Leistungskennlinie des ausgewählten Motors

```
*************************************************************************
*  BAUELEMENTART                                  =  ANTRIEBSVERSTAERKER  *
*  HERSTELLER                                     =  SIEMENS              *
*  TYPENBEZEICHNUNG                               =  D360/130MREO-GCGFE\   *
*  DATEIKENNZIFFER                                =  23043401             *
*-----------------------------------------------------------------------*
*  SCHALTUNGSART                                  =        D B           *
*  QUADRANTENZAHL                                 =        4             *
*  KREISSTROMBEHAFTET                             =        NEIN          *
*  PULSZAHL                                       =        6             *
*                                                                        *
* ELEKTRISCHE DATEN                                                      *
*                                                                        *
*  EINGANGSSTROMART                               =        DS            *
*  EINGANGSNENNSPANNUNG                   V       =        380 0         *
*  AUSGANGSSTROMART                               =        GS            *
*  AUSGANGSNENNSPANNUNG                   V       =        360 0         *
*  AUSGANGSNENNSTROM                      A       =        130 0         *
*  AUSGANGSSPITZENSTROM                   A       =        130 0         *
*  EINGANGSSTROM                          A       =        0 0           *
*  EINGANGSFREQUENZ                       HZ      =        50 0          *
*                                                                        *
*                                                                        *
* REGLERBESCHALTUNG                                                      *
*                                                                        *
*  STROMREGLER                                    =        PI            *
*  DREHZAHLREGLER                                 =        PI            *
*                                                                        *
* THERMISCHE DATEN                                                       *
*                                                                        *
*  STATIONAERER WAERMEWIDERSTAND          K/W     =        0 00          *
*  LUEFTUNGSART                                    =   FREMD             *
*  GRENZLASTINTEGRAL (I**2*T)             A**2*S  =        0 0           *
*  ZUL. UMGEBUNGSTEMPERATUR               GRAD C  =        40 0          *
*                                                                        *
* UEBERWACHUNGS- UND ZUSATZFUNKTIONEN                                    *
*                                                                        *
*  NETZUEBERSPANNUNGSUEBERWACHUNG                                        *
*  TACHOSPANNUNGSUEBERWACHUNG                                            *
*  PHASENAUSFALLSUEBERWACHUNG                                            *
*  UEBERWACHUNG DER MAX  DREHZAHL                                        *
*  UEBERWACHUNG DER MIN. DREHZAHL                                        *
*  EINSTELLBARE STROMBEGRENZUNG                                          *
*  HOCHLAUFGEBER                                                         *
*  FELDSCHWAECHEINRICHTUNG                                               *
*                                                                        *
* ZUBEHOERDATEN                                                          *
*                                                                        *
*  GERAETESICHERUNGSTYP                           =            3NE4122   *
*  NETZDROSSELTYP                                 =                      *
*  KOMMUTIERUNGSDROSSELTYP                        =            4EP1685-5C\*
*************************************************************************
```

Bild 8.11: Daten eines für den Motor geeigneten Verstärkers

9 Zusammenfassung

Mit den zunehmenden Anforderungen an die Leistungsfähigkeit
der Werkzeugmaschinen muß auch der Auslegung der Antriebssysteme größere Bedeutung zugemessen werden. Der Konstrukteur ist
bei dieser Aufgabe durch Bereitstellung der erforderlichen Informationen zu unterstützen, wozu sich der Einsatz der Rechenanlagen in besonderem Maße eignet. Hierzu wird in dieser Arbeit
ein Informationssystem entwickelt.

Ausgehend von den allgemeinen Anforderungen an ein solches
System, wird anschließend der Informationsbedarf bei der Antriebsauswahl ermittelt und daraus die Informationsinhalte bestimmt.

Damit läßt sich die Struktur des Informationssystems festlegen.
Es muß einerseits ein Datenbanksystem enthalten, in das die
Daten der Zukaufteile und weitere für den Auswahlprozeß benötigte Informationen abzuspeichern sind und auf die in geeigneter Weise zugegriffen werden kann, und andererseits Programmteile, die eine rechnerunterstützte Auslegung der Antriebe ermöglichen.

Für die Auswahl der Antriebskomponenten beim Einsatz der
Gleichstromnebenschlußmotoren in Verbindung mit grobgestuften
Getrieben wurde ein Rechenmodell entwickelt, wobei Möglichkeiten zur Bestimmung der Verluste abzuleiten und der Einfluß
des schwankenden Fremdträgheitsmomentes auf die Reglereinstellung zu untersuchen war.

Voraussetzung für einen erfolgreichen Einsatz eines Informationssystems ist der schnelle Zugriff auf den Datenbestand und
die Bereitstellung von Hilfsmitteln zur Pflege desselben. Dazu
wurde eine Klassifikation der Antriebselemente zur Bildung
eines Zugriffsschlüssels durchgeführt und Datenhandhabungs-
und Beschreibungssprachen entwickelt.

Die Leistungsfähigkeit des Systems wird durch Beispiele zur Auswahl von Bauelementen aus der Datenbank und der Auslegung der Komponenten eines Hauptantriebs gezeigt.

Berichte aus dem Institut für Steuerungstechnik der Werkzeugmaschinen und Fertigungseinrichtungen der Universität Stuttgart

Herausgegeben von Prof. Dr.-Ing. G. Stute

Erschienen:

ISW 1:   D. Schmid, Numerische Bahnsteuerung, 89 S., 1972

ISW 2:   H. Schwegler, Fräsbearbeitung gekrümmter Flächen, 111 S., 1972

ISW 3:   J. Eisinger, Numerisch gesteuerte Mehrachsenfräsmaschinen, 90 S., 1972

ISW 4:   R. Nann, Rechnersteuerung von Fertigungseinrichtungen, 125 S., 1972

ISW 5:   G. Augsten, Zweiachsige Nachformeinrichtungen, 140 S., 1972

ISW 6:   B. Karl, Die Automatisierung der Fertigungsvorbereitung durch NC-Programmierung, 121 S., 1972

ISW 7:   H. Eitel, NC-Programmiersystem, 117 S., 1973

ISW 8:   E. Knorr, Numerische Bahnsteuerung zur Erzeugung von Raumkurven auf rotationssymmetrischen Körpern, 131 S., 1973

ISW 9:   S. Bumiller, Viskohydraulischer Vorschubantrieb, 123 S., 1974

ISW 10:   K. Maier, Grenzregelung an Werkzeugmaschinen, 139 S., 1974

ISW 11:   J. Waelkens, NC-Programmierung, 159 S., 1974

ISW 12:   E. Bauer, Rechnerdirektsteuerung von Fertigungseinrichtungen, 138 S., 1975

IWS 13:   H. König, Entwurf und Strukturtheorie von Steuerungen für Fertigungseinrichtungen, 206 S., 1976

ISW 14:   H. Damson, Fünfachsiges NC-Fräsen, 143 S., 1976

ISW 15:   H. Jetter, Programmierbare Steuerungen, 141 S., 1976

ISW 16:   H. Henning, Fünfachsiges NC-Fräsen gekrümmter Flächen, 179 S., 1976

ISW 17:   K. Boelke, Analyse und Beurteilung von Lagesteuerungen für numerisch gesteuerte Werkzeugmaschinen, 106 S., 1977

ISW 18:   F.-R. Götz, Regelsystem mit Modellrückkopplung für variable Streckenverstärkung, 116 S., 1977

ISW 19:   H. Tränkle, Auswirkungen der Fehler in den Positionen der Maschinenachsen beim fünfachsigen Fräsen, 103 S., 1977

ISW 20:   P. Stof, Untersuchungen über die Reduzierung dynamischer Bahnabweichungen bei numerisch gesteuerten Werkzeugmaschinen, 118 S., 1978

ISW 21:   R. Wilhelm, Planung und Auslegung des Materialflusses flexibler Fertigungssysteme, 158 S., 1978

ISW 22:   N. Kappen, Entwicklung und Einsatz einer direkten digitalen Grenzregelung für eine Fräsmaschine mit CNC, 123 S., 1979

ISW 23:   H. G. Klug, Integration automatisierter technischer Betriebsbereiche, 124 S., 197

ISW 24:   D. Binder, Interpolation in numerischen Bahnsteuerungen, 132 S., 1979

ISW 25:   O. Klingler, Steuerung spanender Werkzeugmaschinen mit Hilfe von Grenzregeleinrichtungen (ACC), 124 S., 1979

ISW 26:   L. Schenke, Auslegung einer technologisch-geometrischen Grenzregelung für die Fräsbearbeitung, 113 S., 1979

ISW 27:   H. Wörn, Numerische Steuersysteme. Aufbau und Schnittstellen eines Mehrprozessorsteuersystems, 141 S., 1979

ISW 28:   P. B. Osofisan, Verbesserung des Datenflusses beim fünfachsigen NC-Fräsen, 104 S., 1979

ISW 29:   J. Berner, Verknüpfung fertigungstechnischer NC-Programmiersysteme, 101 S., 1979

ISW 30:   K.-H. Böbel, Rechnerunterstütze Auslegung von Vorschubantrieben, 113 S., 1979

ISW 31:   W. Dreher, NC-gerechte Beschreibung von Werkstücken in fertigungstechnisch orientierten Programmiersystemen, 105 S., 1980

ISW 32:   R. Schurr, Rechnerunterstützte Projektierung hydrostatischer Anlagen, 116 S., 1981

ISW 33:   W. Sielaff, Fünfachsiges NC-Umfangsfräsen verwundener Regelflächen. Beitrag zur Technologie und Teileprogrammierung, 97 S., 1981

ISW 34:   J. Hesselbach, Digitale Lageregelung an numerisch gesteuerten Fertigungseinrichtungen, 111 S., 1981

ISW 35:   P. Fischer, Rechnerunterstützte Erstellung von Schaltplänen am Beispiel der automatischen Hydraulikplanzeichnung, 111 S., 1981

ISW 36:   U. Ackermann, Rechnerunterstützte Auswahl elektrischer Antriebe für spanende Werkzeugmaschinen, 116 S., 1981

ISW 37:   W. Döttling, Flexible Fertigungssysteme – Steuerung und Überwachung des Fertigungsablaufs, 103 S., 1981

Springer-Verlag
Berlin · Heidelberg · New York